U0128529

NEIMENGGU CHANGJIAN NIAOLEI SHOUHUI TUJIAN

内蒙古常见鸟类手绘图鉴

内蒙古自然博物馆／编著

水域之子

内蒙古人民出版社

图书在版编目(CIP)数据

水域之子 / 内蒙古自然博物馆编著. — 呼和浩特 ：
内蒙古人民出版社, 2022.12
(内蒙古常见鸟类手绘图鉴)
ISBN 978-7-204-17429-4

Ⅰ. ①水… Ⅱ. ①内… Ⅲ. ①鸟类-内蒙古-图解
Ⅳ. ①Q959.708-64

中国国家版本馆 CIP 数据核字(2023)第 009997 号

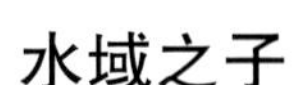

作　　者	内蒙古自然博物馆
策划编辑	贾睿茹
责任编辑	白　阳
责任监印	王丽燕
封面设计	王宇乐　宋双成
出版发行	内蒙古人民出版社
地　　址	呼和浩特市新城区中山东路 8 号波士名人国际 B 座 5 层
网　　址	http://www.impph.cn
印　　刷	内蒙古爱信达教育印务有限责任公司
开　　本	787mm×1092mm　1/16
印　　张	15.25
字　　数	220 千
版　　次	2022 年 12 月第 1 版
印　　次	2023 年 5 月第 1 次印刷
书　　号	ISBN 978-7-204-17429-4
定　　价	68.00 元

如发现印装质量问题，请与我社联系。联系电话：(0471)3946120

“内蒙古常见鸟类手绘图鉴”丛书
编委会

扫码搭乘 观鸟专列

认识内蒙古的神奇鸟儿

第一站：鸟类科普站

一起走进鸟类王国，探秘“羽”众不同的鸟儿！

鸳鸯会爬树？杜鹃和苇莺是宿敌？麻雀的嘴巴大小随季节变化？

第二站：高能游戏馆

鸟儿对对碰 | 鸟儿知多少 | 拼图大作战

高能挑战赛，谁是最强游戏王？

第三站：观鸟云台

拍照识鸟 | 听音辨鸟 | 观鸟笔记

领取观鸟工具，制作个人专属观鸟手册！

“天苍苍，野茫茫，风吹草低见牛羊。”提起内蒙古，你首先会想到什么？是一望无际的大草原、莽莽的大兴安岭林海，还是浩瀚的沙漠？或许，那个天宽地阔、景色壮美的内蒙古你从未知晓。

你知道吗？在每天清晨的同一时间，生长在大兴安岭的樟子松已经开始沐浴晨光，而生长在阿拉善的胡杨林仍被星辰笼罩，这就是东西直线距离约 2400 千米，跨越祖国东北、华北和西北的内蒙古。在这片总面积 118.3 万平方千米的广袤大地上铺展着森林、草原、河湖和荒漠。

多样的自然环境造就了内蒙古鸟类的多样性和复杂性，这里是众多鸟类的家园。截至 2020 年，内蒙古自治区共有 497 种鸟类，其中叫声婉转多变的蒙古百灵是内蒙古自治区的区鸟，金雕、大鸨和东方白鹳等是国家一级重点保护野生动物。近年来，随着鸟类研究的深入，内蒙古鸟类分布的新纪录也在不断地被刷新。

鸟类是人类的朋友，也是自然界不可或缺的一分子。鸟类有独特的外形、习性和繁殖方式，它们翱翔于天际，让无数人关注和向往。同时，它们也用色彩斑斓的羽毛和悦耳动听的鸣声为自然增添了无尽的诗情画意。

“内蒙古常见鸟类手绘图鉴”丛书根据鸟类的生态类群分为三册，即《无冕歌王》《天地精灵》和《水域之子》。在这套书中，您可以欣赏到 200 多种由专业插画师手绘的鸟类，同时可以了解它们的多彩世界。

爱因斯坦曾说他没有特别的天赋，只是拥有强烈的好奇心，他的好奇心带他开启了人类伟大的发现。希望这套图书中丰富的知识、奇妙的资讯和精美的插画也可以激发大家的好奇心，并唤起大家对自然的热爱。自然是最伟大的艺术家，而鸟类则是自然的杰作，让我们一起欣赏、珍惜这些与我们共享着同一片天空的美丽生灵！

PREFACE

鸟类的身体部位

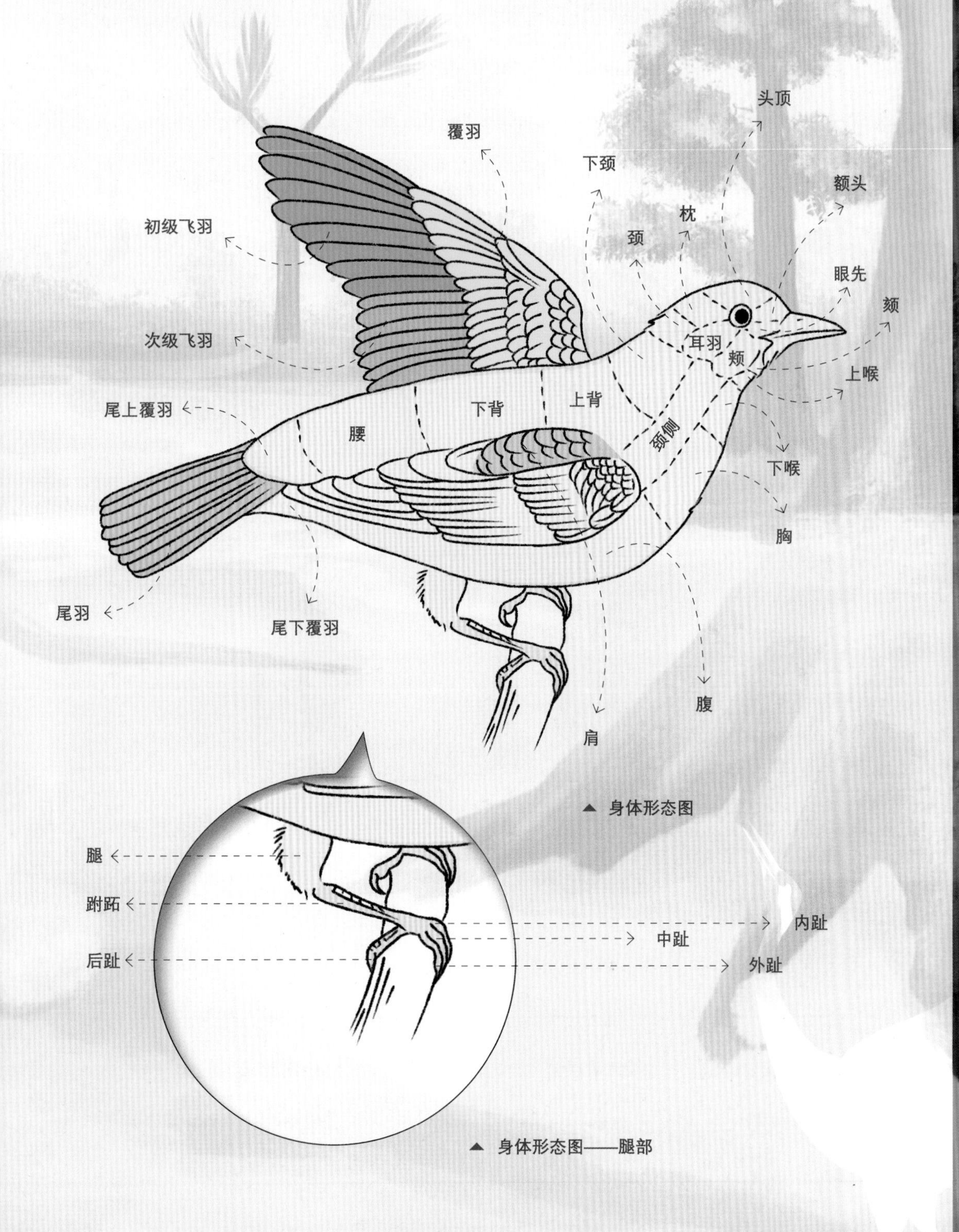

▲ 身体形态图

▲ 身体形态图——腿部

阅读指南

成年丹顶鹤的头顶部呈红色，但它们的头顶都是后天形成。在它们小时候，头顶上有黄色的绒毛，而长大后，头顶的绒毛逐渐脱落，变成了“小秃子”，头顶上长出一个充满毛细血管的小肉瘤，在它们开心或愤怒时会变得十分鲜红。

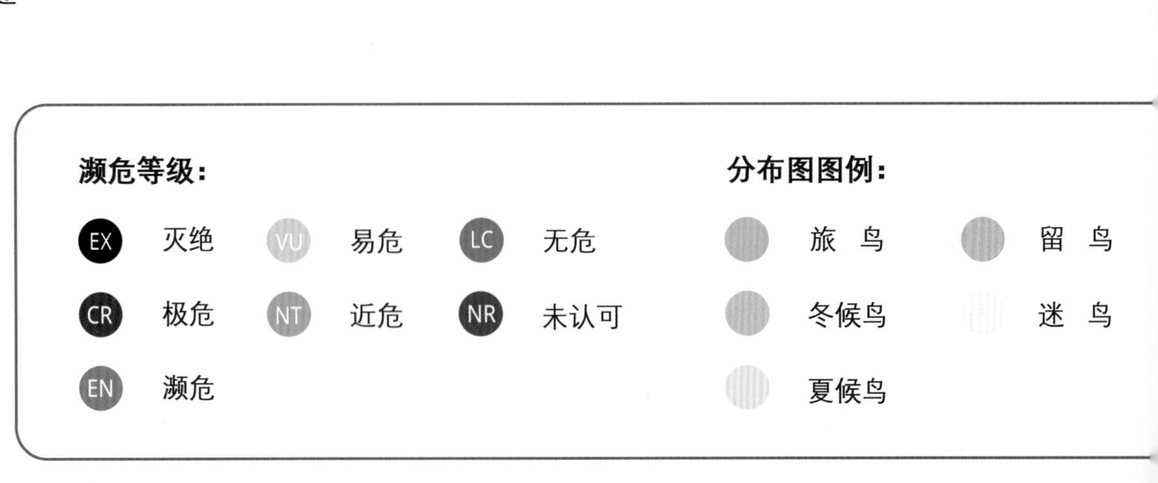

濒危等级：
EX 灭绝
VU 易危
LC 无危
CR 极危
NT 近危
NR 未认可
EN 濒危
分布图图例：
旅 鸟
留 鸟
冬候鸟
迷 鸟
夏候鸟

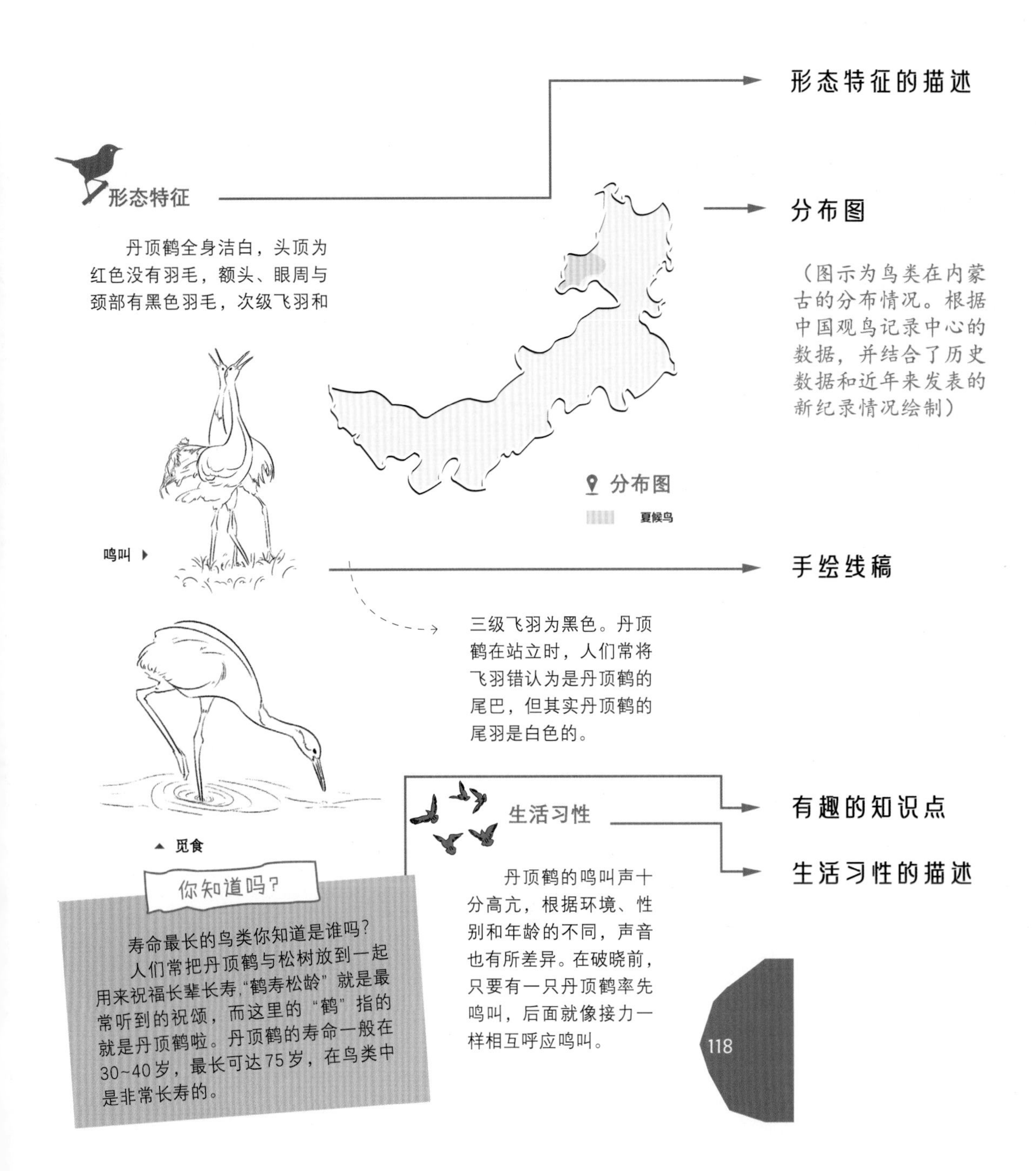
形态特征的描述
形态特征
丹顶鹤全身洁白，头顶为红色没有羽毛，额头、眼周与颈部有黑色羽毛，次级飞羽和
分布图
（图示为鸟类在内蒙古的分布情况。根据中国观鸟记录中心的数据，并结合了历史数据和近年来发表的新纪录情况绘制）
分布图
夏候鸟
鸣叫
手绘线稿
三级飞羽为黑色。丹顶鹤在站立时，人们常将飞羽错认为是丹顶鹤的尾巴，但其实丹顶鹤的尾羽是白色的。
觅食
生活习性
有趣的知识点
生活习性的描述
你知道吗？
寿命最长的鸟类你知道是谁吗？
人们常把丹顶鹤与松树放到一起用来祝福长辈长寿，"鹤寿松龄"就是最常听到的祝颂，而这里的"鹤"指的就是丹顶鹤啦。丹顶鹤的寿命一般在30~40岁，最长可达75岁，在鸟类中是非常长寿的。
丹顶鹤的鸣叫声十分高亢，根据环境、性别和年龄的不同，声音也有所差异。在破晓前，只要有一只丹顶鹤率先鸣叫，后面就像接力一样相互呼应鸣叫。
118

插画图例：

br.：繁殖羽	sum.：夏羽	♂：雄鸟	juv.：幼鸟
non-br.：非繁殖羽	win.：冬羽	♀：雌鸟	imm.：未成年鸟
fresh：新换羽	1st win.：第一年冬羽	ad.：成鸟	

CONTENTS

01

目录 CONTENTS

02

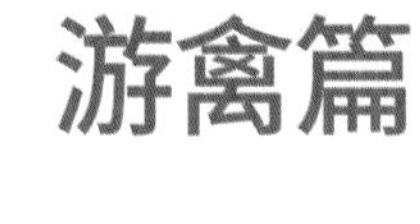

游禽篇

雁形目
Section 1

䴙䴘目
Section 2

䴙䴘科

鸻形目
Section 3

鸥科

鹤形目
Section 4

秧鸡科

鲣鸟目
Section 5

鸬鹚科

鹈形目
Section 6

鹈鹕科

03

涉禽篇

鹤形目
Section 1

秧鸡科

鹤科

鸻形目
Section 2

鸻科

鹬科

彩鹬科

反嘴鹬科

燕鸻科

鹳形目
Section 3

鹳科

鹈形目
Section 4

鹮科

鹭科

界：动物界
Animalia

（包含目前地球上已经鉴别的所有动物）

门：脊索动物门
Chordata

（在个体发育的整个过程或某一时期具有脊索、背神经管以及鳃裂的动物）

纲：鸟纲
Aves

（体表被羽、前肢特化成翼、适于飞翔的脊椎动物）

目：鹤形目
Gruiformes

（通常形态差别很大，除少数种类外，一般为涉禽）

科：鹤科
Gruidae

（这一类鸟的体态优美，除少数种类外，有细长的颈、喙和腿）

属：鹤属
Grus

（包括丹顶鹤、沙丘鹤和灰鹤等）

种：丹顶鹤
Grus japonensis

（仅指丹顶鹤这一个物种）

什么是鸟?

你是谁？我们每个人出生之后会有一个身份证来证明自己的身份，通过身份证可以了解一个人的信息，由此来识别这个世界上独一无二的你。其实，在我们身边出现的各种动物、植物等生物，它们也有自己的“身份证”，用来证明自己的身份。

生物学家依据物种的形态结构等特征，将生物按照共同特征的多少或者亲缘关系的远近，依次划分为界、门、纲、目、科、属、种，并给所有的物种赋予不同的拉丁学名加以识别，从而建立起每一个物种独特的档案信息。下面让我们来认识一下仙气飘飘的丹顶鹤的“身份证”吧！

丹顶鹤的“身份”信息如左图所示。其实每一个生物都有一个这样的“身份证”。

所以，到底什么是鸟呢?

有人说，会飞的就是鸟。可是，蝙蝠会飞，它是鸟吗?

有人说，身上长毛的就是鸟。可是，红毛猩猩体被长毛，它是鸟吗?

有人说，会下蛋的就是鸟。可是，乌龟也会下蛋，它是鸟吗?

有人说，有脊椎的就是鸟。可是，鱼类也有脊椎，它是鸟吗?

……

其实，鸟类是一种综合了上述所有特征的动物，即体表被覆羽毛、有翼、恒温和卵生的高等脊椎动物。

鸟类的起源

我们是从何而来呢？有关这一问题，相信很多人都认真地思考过。世间万物，都有自己的源头。当我们抬起头望向天空时，会见到熟悉的喜鹊、麻雀和云雀等自然之灵，会听到从窗外传来的清脆的鸟鸣声，我们与鸟儿共享一片蓝天。你是否好奇过这些美丽的生灵是从何而来的呢？

这些美丽的生灵从何而来?

其实，早在 19 世纪 60 年代，许多科学家就已经开始致力于探索鸟类的起源。1861 年 9 月 30 日，采石工人在德国巴伐利亚采石场发现了一件带羽毛的化石。这件化石标本保存得基本完整，只是头骨部分有缺失，据考古学家推测，地层年代大约在侏罗纪晚期。这件化石标本的发现为鸟类的起源研究提供了重要线索，同时，更有力地支持了伟大的科学家达尔文的生物进化思想，对人类揭开物种演化的神秘面纱具有重要作用。

这个化石标本就是始祖鸟化石。它既显示出原始爬行动物具有牙齿等特征，又显示出现代鸟类具有羽毛等特征。科学界一直普遍认为始祖鸟和鸟类之间存在联系的主要原因就是羽毛。假如石化的羽毛没有被保存下来，始祖鸟很可能不会和鸟类联系在一起。

中华龙鸟

1996 年，在我国辽宁北票四合屯发现了一件保存精美的化石标本，不仅保存了骨骼、巩膜环甚至内脏印痕，还有丝状结构的羽毛痕迹，所以给它取名为中华龙鸟，拉丁名为 *Sinosauropteryx*，意为“来自中国的长有翅膀的蜥蜴”。

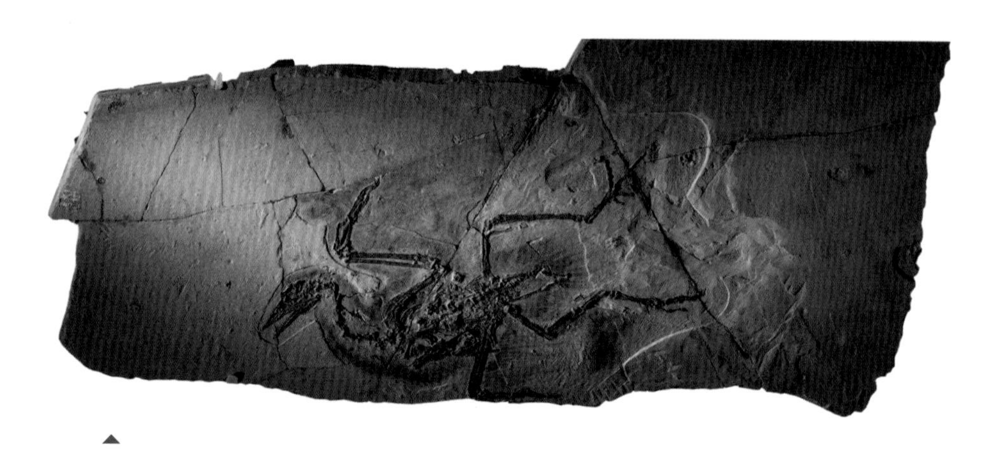

中华龙鸟化石

早先中华龙鸟被认为是一种原始鸟类，但随着研究的深入，古生物学家发现这种丝状结构的羽毛和现代鸟类的羽毛有一定的差异，而它的身体大小和形态特征却和小型兽脚类恐龙——美颌龙相似，所以最终认定中华龙鸟是一种恐龙。

中华龙鸟化石标本是极其珍贵的过渡类型化石标本，它的发现为鸟类的恐龙起源假说提供了直接依据。这一假说可以追溯到 1870 年，英国博物学家赫胥黎发现鸵鸟的后腿结构与小型兽脚类恐龙的后腿结构的共同特点有 35 处之多。之后又相继发现了原始热河鸟、孔子鸟和辽宁鸟等珍稀化石，使得越来越多的人相信鸟类是恐龙的后代，它们侥幸躲过了 6600 万年前的生物大绝灭，逐渐演变成现在的鸟类。

关于鸟类的起源在科学界一直众说纷纭，早先的假说有“槽齿类起源说”，认为恐龙和现代鸟类有着共同的祖先，不可能是直接的进化关系；还有“鳄类起源说”，认为鳄类和现代鸟类都是羊膜卵动物，有着共同的祖先。随着时间的推移，我们会发现更多的古鸟类化石标本或者过渡类型的化石标本，它们将为鸟类的起源提供更多线索。当然也有待每一个人去探索发现。

鸟类的迁徙

迁徙指的是一种动物有规律地从一个地方迁移到另一个地方。

鸟类的迁徙可谓是自然界中备受瞩目的一种现象。它们的迁徙之路危险重重，道阻且长。有些鸟类的迁徙距离可达几千千米；有些鸟类需要跨越沙漠、大海等地理屏障；有些鸟类在出发之前会吃很多食物，积累很多脂肪。那么问题来了，鸟类为什么要冒着生命危险迁徙呢？

究其原因，其实很复杂。通常情况下，鸟类的迁徙是它们对环境的一种适应和身体内部的刺激。在中国北方的夏季，百花齐放、绿草如茵、昆虫繁多，为鸟类的生存提供了适宜的环境。隆冬时节，天寒地冻，食物匮乏，大部分鸟类不得不踏上迁徙的道路，前往温暖的南方。除此之外，有些鸟类是为了提高后代的存活率、躲避敌害等原因而进行迁徙，可是不论怎样，它们都是为了更好地生存和发展。随着时间的推移，鸟类的身体也会分泌出皮质酮和催乳素，在这两种激素的影响下，鸟类的迁徙行为逐渐演化成为一种本能。

受食物、地形、地貌和天气等众多因素的影响，几乎没有一种鸟类的迁徙路线呈直线。在中国，鸟类的迁徙路线主要分为东、中、西三条。东线风光秀丽、气候湿润，每年会吸引大量的鸟类，是所有迁徙路线中最拥挤的一条；中线海拔较高，山高谷深，危机重重，除了有猛禽类的猎手之外，还有许多猎人布下的天罗地网；西线不仅拥有荒漠戈壁，还有雪山湖泊，旖旎的自然风光带给鸟类的却是一山更比一山高。除部分天鹅、鹤类和斑头雁等，通常鸟类的迁徙高度在 2000 米左右。

为了节省体力，大中型的鸟类会在迁徙途中编成“人”字形队伍。领头的鸟扇动翅膀后会产生上升气流，如果后面的鸟正处在上升气流中，则会节省很多体力。领头的鸟最辛苦，所以大家会轮流带队，共同分担。而小型候鸟则会形成一种遮天蔽日的“密阵”，以此迷惑猎食者。

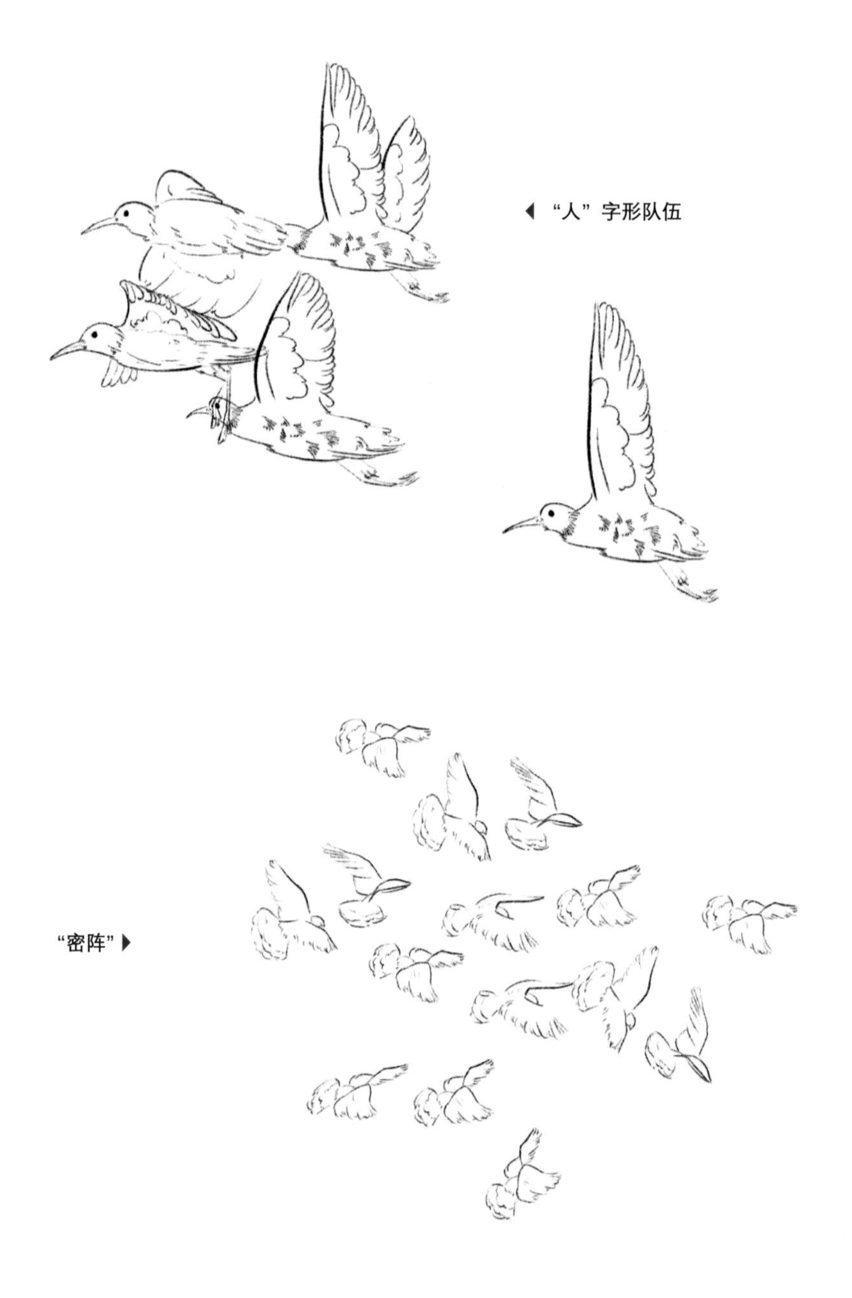

鸟类根据迁徙方式的不同和是否进行迁徙可以分为留鸟、候鸟和迷鸟。

黑嘴松鸡

留鸟指的是不进行迁徙的鸟类，如松鸡和乌鸦等。

丹顶鹤

大嘴乌鸦

候鸟指的是在繁殖地和越冬地之间沿着固定路线迁徙的鸟类，如丹顶鹤和小天鹅等。候鸟按照在某地旅居的情况又可以分为冬候鸟、夏候鸟和旅鸟。

小天鹅

迷鸟指的是因恶劣的天气导致鸟类偏离原来的迁徙路线而迷路的鸟。

不过，候鸟和留鸟之间并不是亘古不变。在极端气候频频发生的今天，许多鸟类为了生存，不得不做出一些改变。有一些鸟类改变了迁徙的路线，有一些鸟类改变了迁徙的时间，甚至有一些鸟类开始踏上了未知的旅途……

对它们而言，迁徙虽然是自然选择的结果，但其目的只是为了更好地生存。为了生存，它们不惜长途跋涉，飞越高山峻岭，上演出一场震撼的视觉盛宴，让我们不由得产生了对生命的敬畏之情。

鸟类的六大生态类群

鸟类在世界上的分布极为广泛，世界上的鸟类有10000种左右。我国的鸟类有1000多种，根据它们的生活环境和生活习性可分为六大生态类群，即游禽、涉禽、猛禽、陆禽、鸣禽和攀禽。

普通鸬鹚

疣鼻天鹅

游禽

游禽趾间有蹼，大部分成员有发达的尾脂腺，可以将分泌出的油脂涂抹在全身使羽毛不被浸湿，只有少数鸟类需要在潜水后晾晒羽毛。它们的嘴大多呈扁平或钩状，双腿的位置偏靠身体后侧。

涉禽

涉禽是常在水域周围活动但不会游泳的鸟类，它们多具有“三长”的特点，即腿长、嘴长和颈长。涉禽的“大长腿”可以帮助它们在较深的水域觅食。有些涉禽的趾间具蹼，但与游禽不同的是，涉禽的蹼为半蹼，只存在于它们前趾间的基部。

苍鹭

反嘴鹬

猛禽

◀ 秃鹫

猛禽的战斗力很强，为掠食性鸟类。它们的嘴与爪常呈钩状，十分尖利，视觉器官也十分发达，算是鸟类中的“战斗机”。

◀ 短趾雕

陆禽

陆禽是生活在陆地上的鸟类，通常飞行能力不强，健壮的后肢十分适合在陆地上行走与奔跑。它们的喙比较短小，常在地面或矮小的树木上寻找食物。

◀ 黑琴鸡

鸣禽

鸣禽中的大部分成员体型偏小，它们拥有发达的发声器官（鸣肌和鸣管），可以发出变化多样且极具特色的声音。

大山雀 ▶

攀禽

攀禽是善于攀援的鸟类，为了适应环境，它们的脚趾变得十分多样，如对趾足、前趾足、并趾足和异趾足等。除了双足外，有的鸟类还拥有着“第三个足”，如啄木鸟的尾羽和鹦鹉的喙都有使身体更加稳定的功能。

戴胜 ▶

大杜鹃 ▶

——— ••• ———

游禽善于游泳和潜水。它们的身形流畅，有一对特殊的脚蹼，好似船桨，可以减少在水中的阻力，使其成为游泳健将。大多数游禽有发达的尾脂腺，所分泌出的油脂可以涂抹在羽毛上，保证它们在游泳时不被浸湿。

内蒙古常见鸟类
手绘图鉴

水域之子

游禽篇

鸿雁

Anser cygnoid

雁形目 • 鸭科 VU

鸿雁在换羽时，飞羽几乎是同一时间换掉的，所以它们在一定时间内会丧失飞行能力。

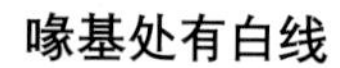

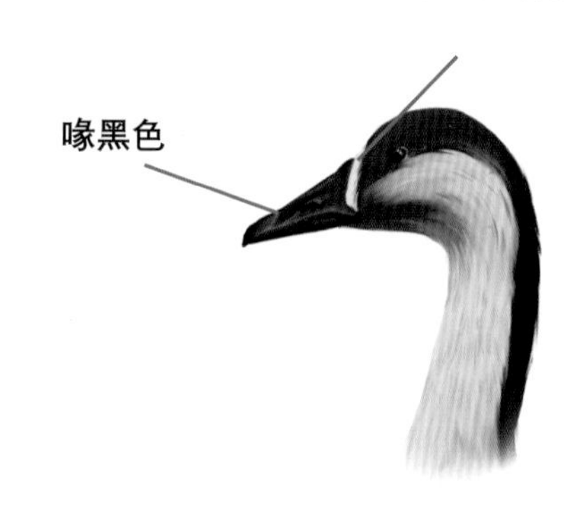

▲ 幼雁

形态特征

鸿雁雌雄相似，雄鸟体型略大。它们的颈侧有着界线分明的棕白色羽毛，嘴与前额处有一条棕白色条纹。

繁殖行为

鸿雁喜欢在湖泊岸边沼泽地或芦苇丛中成对筑巢，一般会选择植物茂密、环境偏僻且难以接近的位置。繁殖时由雌鸟单独孵蛋，雄鸟负责在周边警戒。

▲ 警惕

▲ 飞行

你知道吗？

鸿雁和家鹅是什么关系？

作为在乡村称霸的家鹅，它们的战斗力有目共睹。若有人招惹它们，它们一定会锲而不舍地去追。而中国的家鹅是由野生鸿雁驯化而来。

家鹅的羽毛也不全是白色，部分家鹅（雁鹅）长着与鸿雁相近的羽色，家鹅嘴接近额头位置有瘤状凸起。

生活习性

鸿雁以各种水生和陆生植物为食，也会吃少量甲壳类和软体动物。

鸿雁喜欢集群生活，尤其是在迁徙的时候。鸿雁迁徙时要由有经验的成雁领头，幼雁和“年老体弱”的雁在队伍中间，最后也由成雁保驾护航。它们常排成“一字形”或“人字形”，飞行中后面的雁会借助领头雁翅尖鼓动的气流冲力，在空中滑翔以节省体力，因此领头雁是需要时常更换的。

豆雁

Anser fabalis

雁形目 · 鸭科 LC

豆雁以植物为食，主要吃苔藓、芦苇和小灌木。

▲ 飞行

形态特征

豆雁体型大小与家鹅相似，鼻孔到喙缘之间有橙黄色横斑。在中国，豆雁是冬候鸟，很少有在中国繁殖的情况，大部分豆雁在10月中旬到达我国。

繁殖行为

豆雁的巢是由雌雄豆雁共同建造，一般选择在较为干燥的位置。雌鸟独自孵卵，雄鸟负责警戒，遇到危险雌鸟无法离巢时，它们通常会降低自身的身体高度，头伸向地面，全身紧贴地面隐藏躲避。

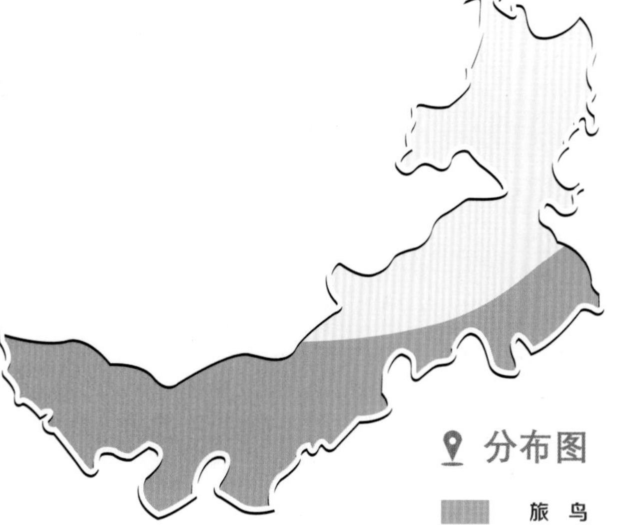

▲ 觅食

▲ 嬉戏

你知道吗？

豆雁是吃豆子的大雁吗？

豆雁拉丁名中“*Anser*”是大雁的意思，“*fabalis*”来自拉丁文“fa-ba”豆子的意思，所以被称为吃豆子的大雁。豆雁可不是真的吃豆子，它们喜欢在开阔的地方取食秧苗。

生活习性

除繁殖期，豆雁喜欢集群生活，尤其是在迁徙时。在栖息时，豆雁喜欢和鸿雁混群生活。它们的性格小心谨慎，不易接近，距离人500多米的地方就会起飞躲藏。在夜晚休息时，也会有豆雁“警卫”进行警戒，观察周围环境，一旦发现危险到来，便立即发出警报声，雁群就会立即飞起分散，直至没有危险后才会飞回原处。

灰雁

Anser anser

雁形目 • 鸭科 LC

灰雁与豆雁长得极为相像，如何快速区分呢？豆雁的喙为黑色且具有橘色横斑，脚橙黄色，而灰雁的喙为肉色，脚呈肉色。

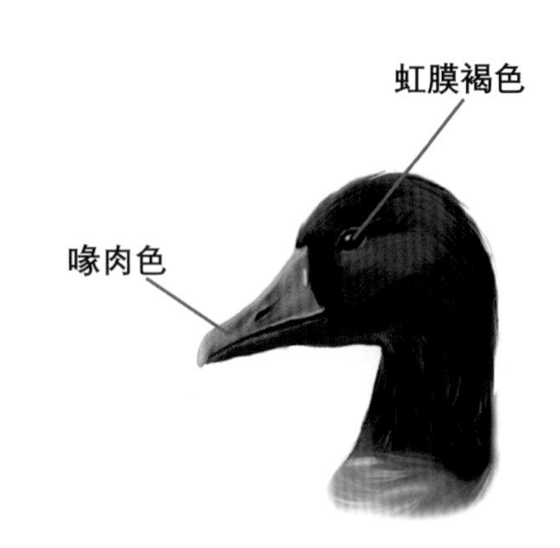

▲ 取食

形态特征

灰雁体型大而笨重，颈长且粗，喙很大，通常在水中倒立取食。脚位于身体中部，可以在陆地上行走自如。翅膀较宽，飞行有力，但起飞时看起来有些吃力，与其他雁类相比起飞时间较长。

繁殖行为

灰雁与其他雁类相比更喜欢在温暖的地方繁殖，一般选择在沼泽湿地或长有茂盛的芦苇湖泊地带。

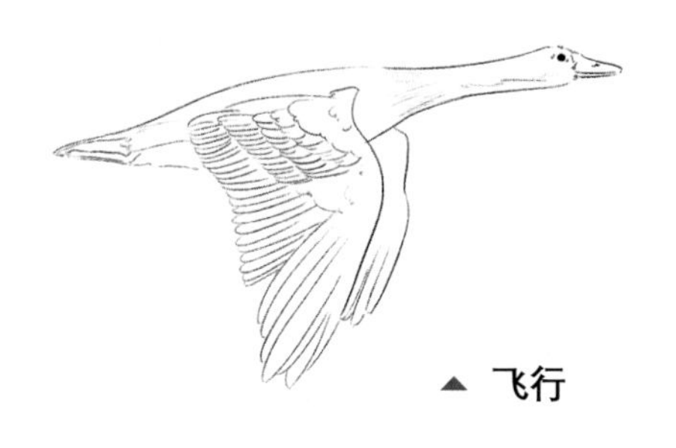

▲ 飞行

生活习性

▲ 群体活动

灰雁主要以植物为食，有时也食用虾和昆虫等。它们在迁徙期还会食用散落的作物种子或幼苗。它们喜欢在白天集群觅食，冬天在无干扰的情况下，觅食地与休息地会在同一区域。

灰雁在陆地上行走十分敏捷，休息时偶尔会用一只脚站立。灰雁会游泳和潜水，但它们潜水的时间较短。它们的警惕性极高，在群体中常有一只灰雁“警卫”，不吃不睡观察着四周。

你知道吗？

灰雁也是家鹅的祖先。

家鹅是由野生鸿雁与灰雁驯化而来。目前普遍认为欧洲家鹅是由灰雁驯化而来，中国家鹅是由鸿雁驯化而来。

斑头雁

Anser indicus

雁形目 • 鸭科 LC

斑头雁在 9~10 月份开始向南迁徙，每年需穿越两次喜马拉雅山脉。有记录表明，斑头雁飞行高度最高可达 7290 米。

▲ 飞行

特征概述

我们眼中高不可攀的高峰，在斑头雁眼中却并不困难，因为斑头雁已经进化出很多适应高海拔迁徙的身体机能。与其他鸟类相比，它们体内的红血球与氧气的结合速度要更快，从而增加了斑头雁血液中所含的氧气量。

斑头雁通常将巢穴建在矮树或悬崖上，以防止陆地上捕食者的侵袭。但高处的食物有限，所以刚出生的雏鸟需要跟着父母从高处跳下寻找食物。

▲ “跳崖”

形态特征

斑头雁属于中型雁，全身以灰色为主。它们的头是白色，头顶有两道黑色条状斑纹，格外醒目。

▲ 警戒

生活习性

斑头雁主要以禾本科和莎草科植物为食，也会吃一些软体动物。

你知道吗？

斑头雁如天鹅一般，是最忠贞的鸟类之一。它们一生只会选择一个伴侣，如有一只失踪或死亡，另一只会选择孤独终老。

疣鼻天鹅

Cygnus olor

雁形目 • 鸭科 LC

位于内蒙古巴彦淖尔市的乌梁素海是疣鼻天鹅重要的繁殖地和栖息地。

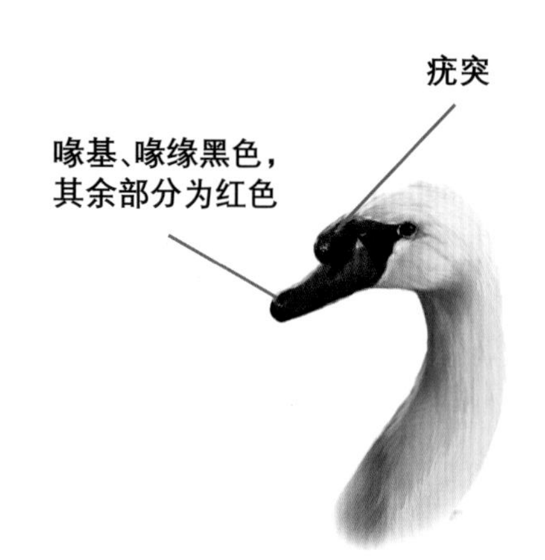

▲ 游泳

形态特征

疣鼻天鹅属于大型游禽，它们的嘴为红色，前额有疣状凸起。雌鸟羽色和雄鸟相同，但体型比较小，前额疣突出不明显。

疣鼻天鹅卵为乳白色，孵化后逐渐变为脏黄白色或蓝绿色，两个月左右，小疣鼻天鹅头颈变为淡棕褐色，无疣突，虽然个头长大了，但翅膀还未发育完全。

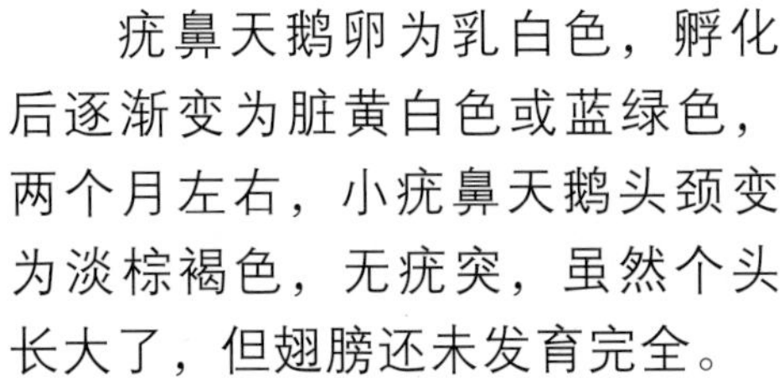

▲ 飞行

juv.

生活习性

疣鼻天鹅主要以水生植物为食，有时也会吃一些小型水生动物。

天鹅是羽毛最多的鸟类，全身羽毛超过25000根，善游泳，喜欢生活在湖泊和沼泽地带。它们是“终身伴侣”制，总是形影相随，当其中一只发生不幸，另一只则会终生独自生活。

你知道吗？

为什么两只白天鹅居然会生出灰色的宝宝？

刚出生的天鹅宝宝没有办法保护自己，所以依靠较暗的体色来隐藏，避免被敌人发现。成年后经过换羽，羽色会变为白色。

大天鹅

Cygnus cygnus

雁形目 • 鸭科 LC

大天鹅是一种候鸟，在冬天会迁徙到更加温暖的地方，等到第二年春季再返回原来的地方。

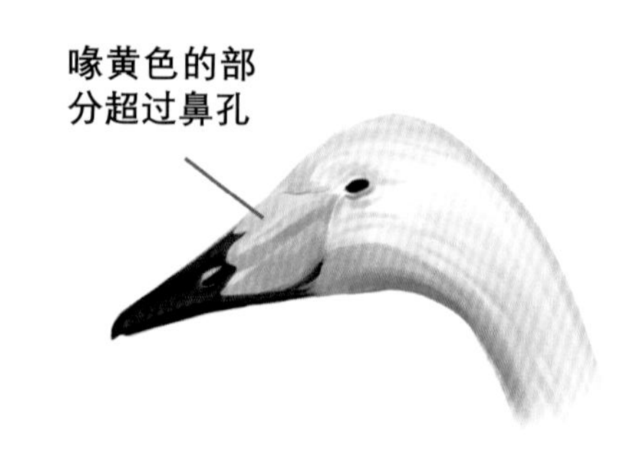

▲ 正面形态

特征概述

冬天，天鹅会换上有厚厚绒羽的“冬装”，到了夏天，它们又会脱去厚重的“冬装”，换上轻便的“夏装”。

天鹅身上的其他羽毛都是逐渐有序地更换，只有飞羽与其他鸟类有所不同，它们的飞羽会同时脱落，因此在这个阶段天鹅是没有办法飞行的，它们会躲藏起来，保护自己。

大天鹅的羽毛洁白如雪，它们是世界上飞得最高的鸟类之一，可以飞越珠穆朗玛峰，最高飞行高度可达9000米以上。因为飞行时的叫声就像喇叭似的，所以它们也被称为喇叭天鹅。

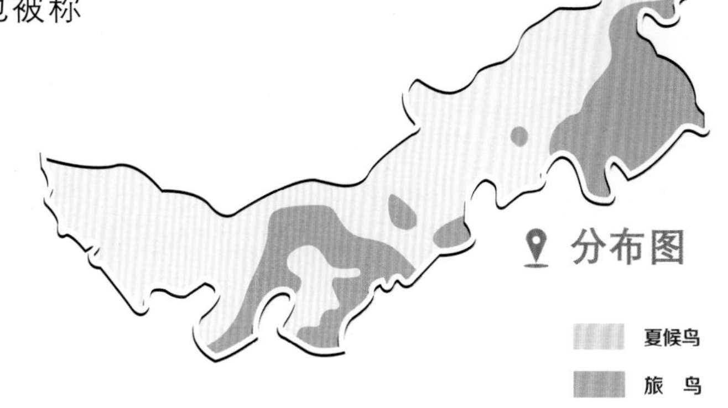

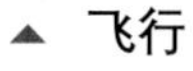
▲ 飞行

▲ 嬉戏

生活习性

大天鹅主要以水生植物为食，不过在冬季的时候也会到农田食一些谷物和幼苗。它们的嘴部有一种叫作赫伯小体的触觉感受器，比人手指上的还要多，所以可以在水中灵活觅食。

你知道吗？

小天鹅和大天鹅可不仅仅是大小的区别。大天鹅上喙基部为黄色，黄色面积大，延伸至鼻孔以下。小天鹅喙部的黄色延伸到嘴基的两侧，没有延伸到鼻孔。

小天鹅

Cygnus columbianus

雁形目 • 鸭科 

小天鹅主要以水生植物为食，也会吃一些水生昆虫与软体动物。

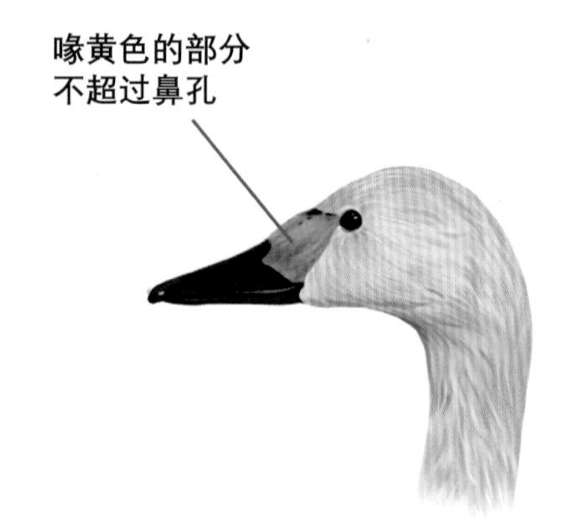

▲ 飞行

特征概述

长颈鹿脖子上的骨头有7块，麻雀脖子上的骨头有16块，而天鹅有25块！

长颈鹿脖子的长度是依靠骨头的长度与韧性，而天鹅是依靠骨头与骨头数量的累计，所以天鹅才能灵活转动长脖子在水中觅食。

形态特征

小天鹅与大天鹅的长相十分相似，但体型比大天鹅偏小一些。幼鸟羽毛淡灰褐色，嘴为粉红色。小天鹅喜欢集群，偶尔也会和大天鹅混群。它们的鸣声清脆，所以也被称为啸声天鹅。

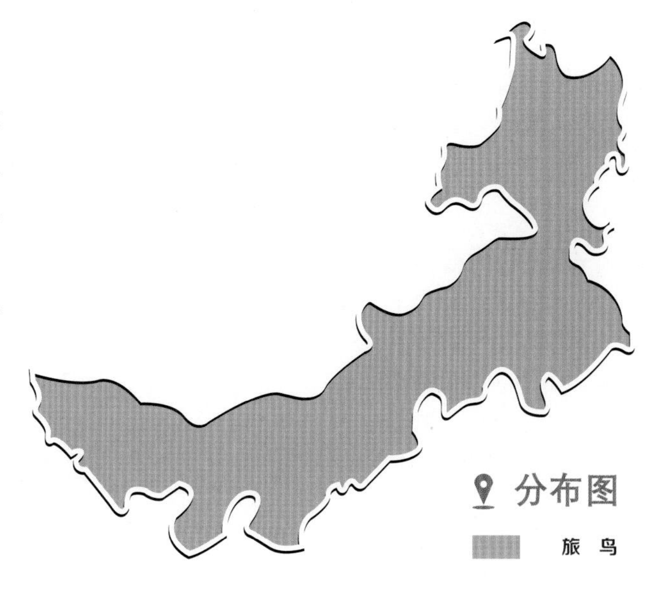

▲ 幼鸟

▲ 成群活动

生活习性

小天鹅在水中栖息时也会选择在距离岸边较远的地方，它们的巢穴会建造在湖泊与水塘之间的沼泽附近，一般由雌鸟孵蛋，雄鸟负责警戒。

你知道吗？

同样是鹅，为什么家鹅不会飞？

家鹅在进化过程中翅膀退化，体重增加，逐渐失去了在空中飞翔的能力。

鸳鸯

Aix galericulata

雁形目 • 鸭科 

雄性鸳鸯在非繁殖期会换下鲜艳的衣服，这时它与雌性鸳鸯外表区别很小，只能依靠嘴的颜色区分。

▲ 觅食

形态特征

鸳鸯是小型游禽，雄鸟额与头顶中间为翠绿色，并带有金属光泽，枕部铜赤色，与颈部紫褐色长羽组成冠羽。在求偶时，头后方羽冠会竖起，脸颊两侧橙褐色饰羽会展开。雌鸟头颈灰褐色，没有冠羽，两翅羽色与雄鸟相似，但无金属光泽。

生活习性

鸳鸯的食物种类会随着不同的季节与栖息地的改变有所不同，繁殖季节以蚂蚁和蝗虫等为食，冬季主要以植物的果实、种子和苔藓以及树叶为食。

▲ 求偶

繁殖行为

♀

鸳为雄鸟，鸯为雌鸟，一旦结成伴侣便形影不离，但其实鸳鸯并不是终生伴侣制。雌鸟通常会选择靠近水边的树洞中产卵，雄鸟有时会负责警戒，保护巢穴，但不会参与孵卵与抚育后代，繁殖期后雄鸟就会离开，由雌鸟独自抚育。鸳鸯宝宝一出生便需要先学会“跳崖式降落”，才可以学习游泳。

你知道吗?

鸳鸯会爬树?

鸳鸯除了在水中、地面上，其实还喜欢在树上停留。它们不仅可以在树枝上轻松起飞，还可以借助较尖的爪子在倾斜的树枝间攀爬。

翘鼻麻鸭

Tadorna tadorna

雁形目 • 鸭科 LC

野鸭的种类有很多，
翘鼻麻鸭就是其中一种。

与家鸭相比，野鸭的体形轻盈，翅膀较长，飞行时速可达每小时110千米。翘鼻麻鸭还善于游泳和奔跑，可谓是全能选手。

形态特征

翘鼻麻鸭上颈与头黑色，具有绿色光泽，其余体羽大多白色。嘴微向上翘，在繁殖期时，雄鸟嘴基部有红色瘤状凸起，远看仿佛戴了顶红色帽子。雌鸟羽色较淡，头颈无金属光泽，额前有一白色斑点，无瘤状凸起。

分布图

夏候鸟

旅　鸟

▲ 飞行

繁殖行为

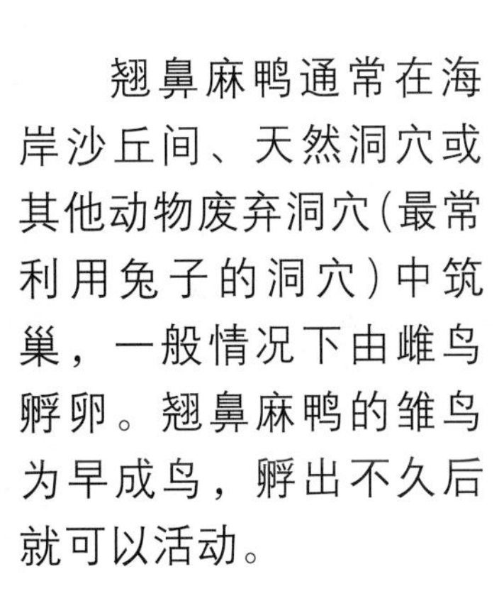

翘鼻麻鸭通常在海岸沙丘间、天然洞穴或其他动物废弃洞穴(最常利用兔子的洞穴)中筑巢，一般情况下由雌鸟孵卵。翘鼻麻鸭的雏鸟为早成鸟，孵出不久后就可以活动。

生活习性

翘鼻麻鸭主要以小鱼、甲壳类和水生昆虫等动物为食，也食用植物叶片嫩芽。

翘鼻麻鸭两翅快速扇动，飞行极快，喜欢站在浅水区将喙伸入水中来回摆动，像是一个小收割机。

你知道吗?

翘鼻麻鸭会集体消失?

夏末时，有些翘鼻麻鸭种群会集中隐蔽在适宜的地方进行换羽，所以才会出现集体消失的现象。

赤麻鸭

Tadorna ferruginea

雁形目 • 鸭科 

赤麻鸭在中国古代可以算得上是人们最熟悉的鸟类之一，其实它们在清代以前有一个官方名称——鸳鸯，当然，此鸳鸯非现在的鸳鸯。

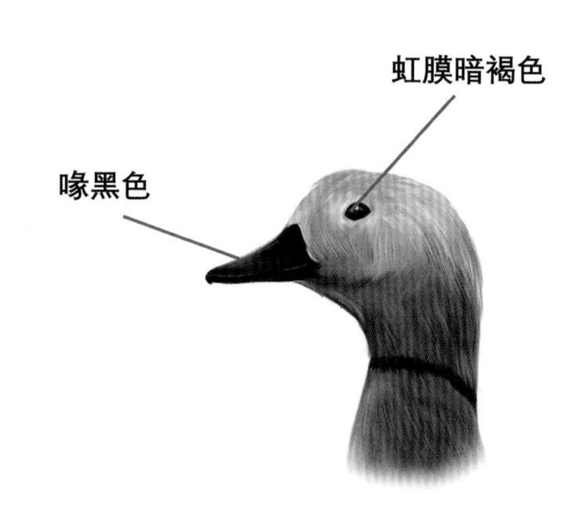

▲ 幼鸟

形态特征

雄性赤麻鸭头顶棕白色，繁殖期时颈部有一黑色领环，体侧有十分明显的绿色翼镜。雌鸟与雄鸟羽色相似，头侧有大面积白色，颈部无黑色领环。

生活习性

赤麻鸭觅食多在清晨与黄昏，主要以水生植物为食，也会吃甲壳类、小鱼、小蛙和软体动物等，秋冬季节有时也会在白天觅食地上散落的谷粒。在迁徙时常能看到许多赤麻鸭边飞边叫，它们会在迁徙途中多次停歇进行觅食。

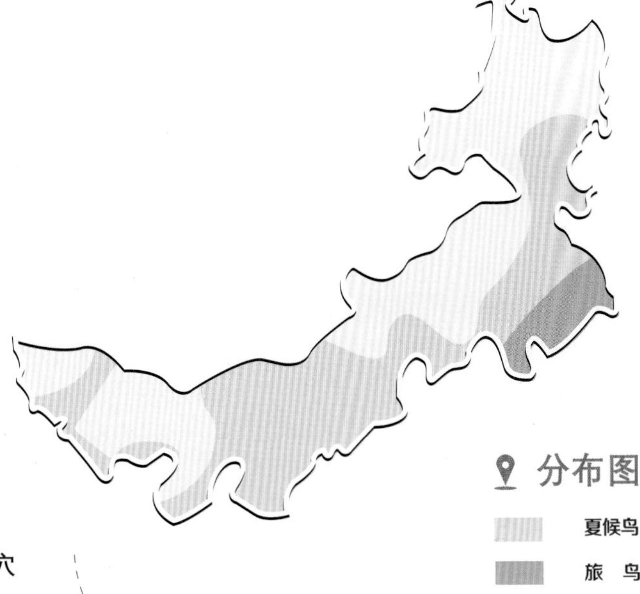

巢穴

♀

繁殖行为

赤麻鸭在繁殖期成对生活，非繁殖期群体生活。赤麻鸭常在天然洞穴、其他动物废弃的洞穴或胡杨树洞里筑巢。与其他鸟类相比，赤麻鸭对于水的依赖性不强。在繁殖时，卵产齐后由雌鸟孵卵，雏鸟为早成鸟，孵出后即长绒羽，会游泳和潜水。

你知道吗？

古时的鸳鸯，也就是赤麻鸭，总是成对地在一起生活，再加上头顶部略呈白色，很容易让人想到“白头偕老”的美好画面，所以赤麻鸭在古代常被视作忠贞不渝的象征。但古人并没有“专一”地对待赤麻鸭，他们先后给两种鸭科的鸟类起名为鸳鸯，一种是现在的赤麻鸭，另一种是现在的鸳鸯，而现在的鸳鸯其实原本的名称叫作鸂鶒（xī chì）。

赤膀鸭

Mareca strepera

雁形目 · 鸭科 

赤膀鸭主要以水生植物为食，偶尔也会到田地中吃一些谷粒或青草。

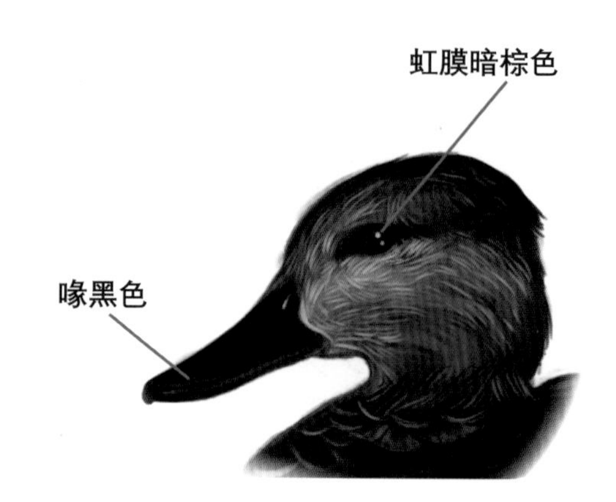

▲ 倒立进食

形态特征

雄性赤膀鸭在繁殖期间头部呈棕色，有黑褐色斑纹，嘴部到耳有条暗褐色条纹。雌鸟暗褐色，头颈有褐色细纹，腹部外侧有褐色斑纹。

繁殖行为

赤膀鸭将自己的巢穴建造在非常隐蔽并且水草、灌木茂密的湖泊附近。雄鸟会在雌鸟孵卵时负责警戒，后期则会离开雌鸟到偏僻的地方换羽。

▲ 觅食

生活习性

♀

赤膀鸭并不像其他鸟类一样会潜水，它们只能将头或者上半身扎进水里，屁股露在水面之上。它们喜欢吃的水生植物种类很多，不会潜水对于它们来说影响并不大。赤膀鸭偶尔也很霸道，会从潜鸭的口中抢夺食物。它们喜欢栖息在湖泊和水塘等内陆水域。

你知道吗？

每当人们一听到“赤膀鸭”，想到的字一定是“翅膀鸭”，其实赤膀鸭这个名字与它们的外形有关。在雄性赤膀鸭的翅膀上有很明显的两块红棕色斑块，无论是在飞行还是游泳时，总是能让人一眼就注意到它们。

罗纹鸭

Mareca falcata

雁形目 • 鸭科 NT

罗纹鸭属于中型鸭类，
它们的三级飞羽极长，
下垂的样子像极了镰刀。

▲ 成对活动

特征概述

罗纹鸭喜欢吃水草，但因为它们的喙较为扁平，咬合力不强，导致每次在水中取到的水草很少，所以想饱餐一顿就需要多次潜水。与它们相反，白骨顶是罗纹鸭最羡慕的对象，白骨顶的喙厚实，十分有力，所以它们经常会跟在白骨顶后面捡漏或是抢夺食物。

形态特征

雄性罗纹鸭在繁殖期时头顶暗棕色，头、颈侧和颈冠呈铜绿色，颈基部有一黑色横带，体下有着黑白相间的波浪条纹，尾部两侧有黄色三角形斑块。雌鸟上部分黑褐色，全身呈浅红棕色且有U形斑，下部分棕白色，有黑褐色斑。

分布图

旅 鸟

冬候鸟

夏候鸟

▲ 飞行

♀

生活习性

罗纹鸭主要以水生植物的叶、种子为食，也会到农田中觅食谷粒与幼苗，偶尔也会吃小型水生昆虫。

你知道吗？

罗纹鸭那明显的波浪条纹与头顶、颈冠的颜色放在一起，仿佛戴着“拿破仑帽”，而镰刀般的飞羽也让它们有着“镰刀鸭”的别称。

赤颈鸭

Mareca penelope

雁形目 • 鸭科 LC

赤颈鸭雏鸟为早成鸟，40天左右便可以飞翔。

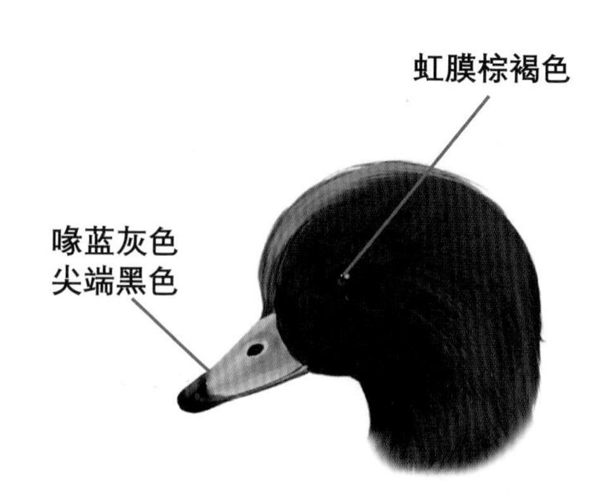

形态特征

雄性赤颈鸭头颈棕红色，额头处有一条皮黄色色带，翼镜翠绿色泛金属光泽。雌鸟上体黑褐色偏多，布满浅棕色细纹，翼镜灰褐色，下体白色。

繁殖行为

赤颈鸭会选择在有水生植物或者灌木的湖泊附近建巢，巢穴非常简陋，巢内放着极少的枯草，但巢的四周有大量的绒羽，雌鸟离巢时用绒羽将巢穴盖起来。

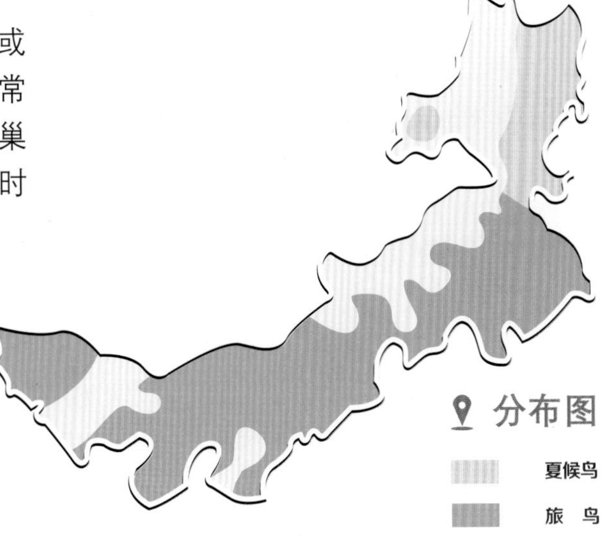

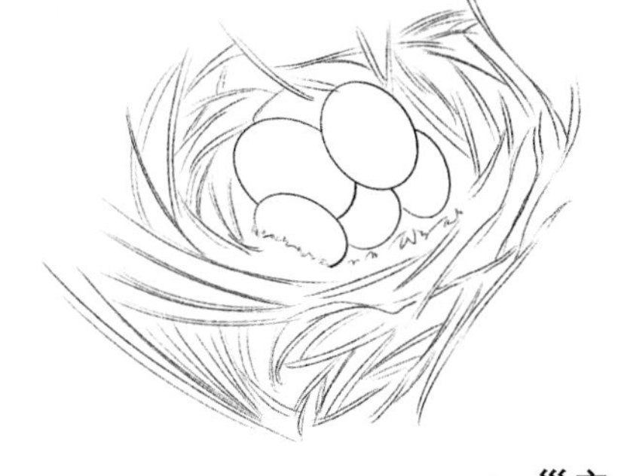

▲ 巢穴

生活习性

赤颈鸭喜欢吃植物，常在水边浅水区觅食藻类与水生植物，也会到岸上觅食杂草种子。

赤颈鸭喜欢成群活动，善潜水和游泳，飞行速度也很快。当危险来临时，能直接从地面或水面起飞，并发出警惕的叫声。雄鸟会发出嘹亮似哨声一样的声音，雌鸟会发出低沉且短促的声音。

你知道吗？

赤颈鸭是季节性候鸟，每年3~4月份由南方向北迁徙，9月末又从北方向南迁徙，在迁徙途中会留一部分进行繁殖，另一部分继续迁徙。迁徙时常排成一条直线。

绿头鸭

Anas platyrhynchos

雁形目 · 鸭科 LC

我们日常见到的家鸭，
就是由野生的绿头鸭驯化而来的。

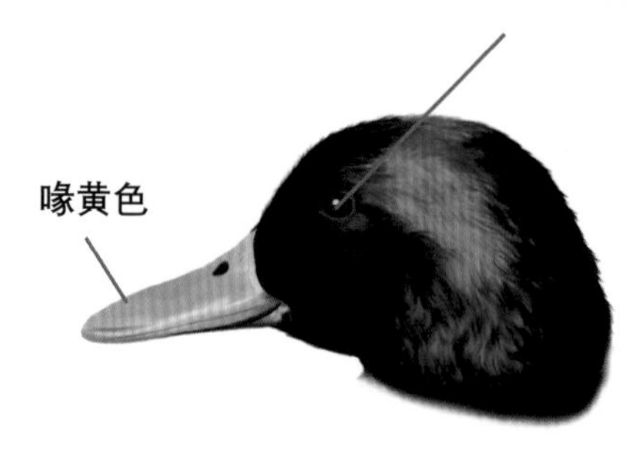

▲ 呼唤同伴

特征概述

有生物学家研究发现，绿头鸭可以让一部分大脑处于睡眠状态，一部分大脑处于清醒状态，即在睡眠中可以睁一只眼闭一只眼。后来在许多鸟类中都发现了这种特性。正是这种特性使得鸟儿们即使在休息或睡眠时，也可以察觉危险并快速逃脱。

每年冬季，绿头鸭的群体里。还会混入另一种绿头的鸭子——普通秋沙鸭，与绿头鸭不同的是，普通秋沙鸭冠羽微微炸起，有些许的朋克风，很好辨认。

▲ 飞行

形态特征

♀

绿头鸭雄鸟头颈有绿色金属光泽，颈部有一白环，背部与两肩褐色，有灰白色波状细纹，翼镜为蓝紫色并带有金属光泽。雌鸟上体暗褐色，具有蓝色翼镜，眼部有黑褐色眼纹。

你知道吗？

绿头鸭的头一定是绿色的吗？

当然不是。虽然它们的学名叫作绿头鸭，但是如许多鸟类一般，它们只有在繁殖期时雌雄才是不一样的。只有雄绿头鸭才有鲜艳的绿色“帽子”，而雌绿头鸭大部分都是“素颜”。在非繁殖期，雄绿头鸭样子与雌绿头鸭相似，站在稍远的位置就只能凭借嘴的颜色来区分。

生活习性

绿头鸭主要以植物为食，也会吃软体动物、水生昆虫等。秋冬迁徙时也会吃一些散落在地上的谷物。

斑嘴鸭

Anas zonorhyncha

雁形目 • 鸭科 

斑嘴鸭主要以水生植物的根、茎、叶或一些谷物为食，偶尔也会食用昆虫与软体动物。

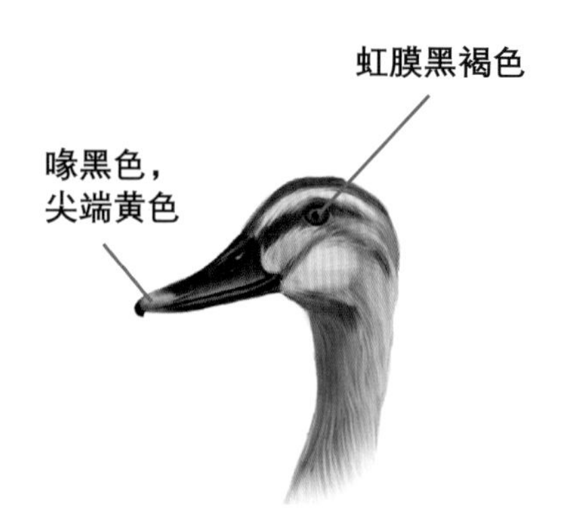

▲ 游泳

特征概述

中国饲养的家鸭中有一部分起源于斑嘴鸭，与家鸭相比，斑嘴鸭嘴上的黄斑以及能够飞行是它们独有的特点。

雄性斑嘴鸭是鸭类中少数整年羽色不会发生改变，并与雌鸟羽色接近的鸭类。斑嘴鸭会以家庭为单位生活，幼鸟常被夹在父母中间。所以雌鸟和雄鸟会一边觅食，一边哺育后代。

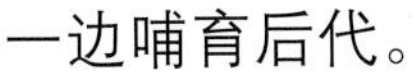

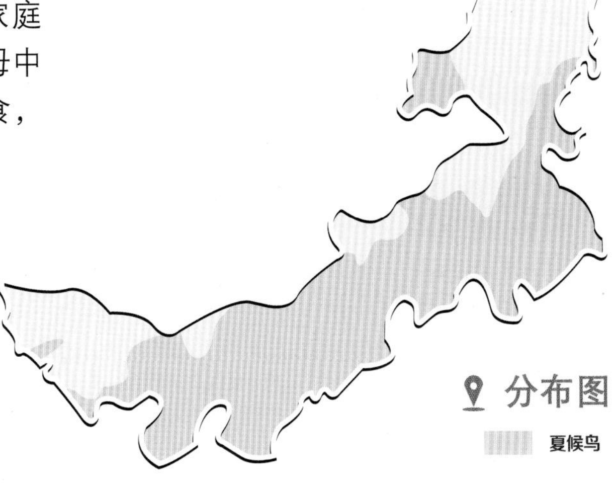

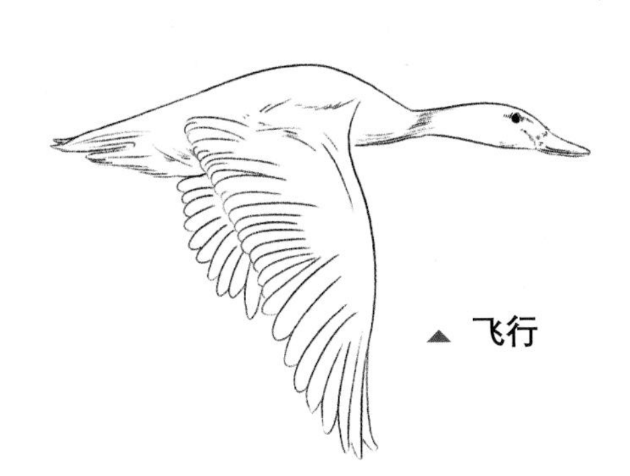

▲ 飞行

形态特征

雄性斑嘴鸭额、枕棕褐色，喙基至耳部分有棕褐色条纹，身体上有暗褐色斑点，翅膀上有着明显的蓝紫色光泽的翼镜。雌鸟与雄鸟基本相像，嘴端黄斑不明显。

▲ 家庭活动

生活习性

斑嘴鸭将巢穴建造在草丛中或岩石缝隙间，一旦巢穴被天敌发现，它们就会离开自己的巢穴，不再返回。

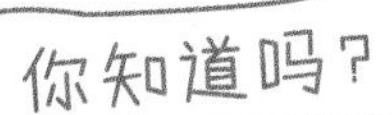

你知道吗？

栉板是什么？

斑嘴鸭喙扁平，喙的边缘有凸起的栉板，像是我们人类的牙齿，但栉板的存在可不是为了咀嚼食物，而是为了过滤漂浮于水面的食物。

针尾鸭

Anas acuta

雁形目 · 鸭科 LC

针尾鸭属于中型游禽，与大部分鸭类相比，它们的脖子与尾更长。

▲ 喝水

♂

形态特征

雄性针尾鸭夏羽侧颈白色，与腹部白色相连，翅膀上具有铜绿色翼镜，尾部有着长长的尾羽。雌鸟头棕色，伴有密集的黑色细纹，颈部暗褐色有黑色小斑，没有翼镜且尾羽相比雄鸟略短。

生活习性

针尾鸭性情机警，白天一般会躲藏在芦苇丛中，黄昏至夜晚才会出来觅食。针尾鸭常以水生植物或植物的种子和嫩芽为食，偶尔也会食用水生软体动物。

分布图

旅鸟

▲ 觅食

繁殖行为

针尾鸭喜欢在湖边草丛或是植物稀疏的土地上建巢，雌鸟负责孵卵，雄鸟则负责警戒。当人靠近时，雄鸟会飞到巢的上方不停鸣叫，直至雌鸟觉察危险离开巢穴。

你知道吗？

针尾鸭是凶鸟？

《山海经》中记载“絜钩”多为凶鸟，它们所到达的地方就会发生瘟疫。而“絜钩”就是针尾鸭，属于野鸭的一种。其实所有禽鸟都有患病或传播病菌的概率，所以并不是只有针尾鸭才会传播瘟疫。

绿翅鸭

Anas crecca

雁形目 • 鸭科 

绿翅鸭雏鸟为早成鸟，出生不久便可以行走和游泳。

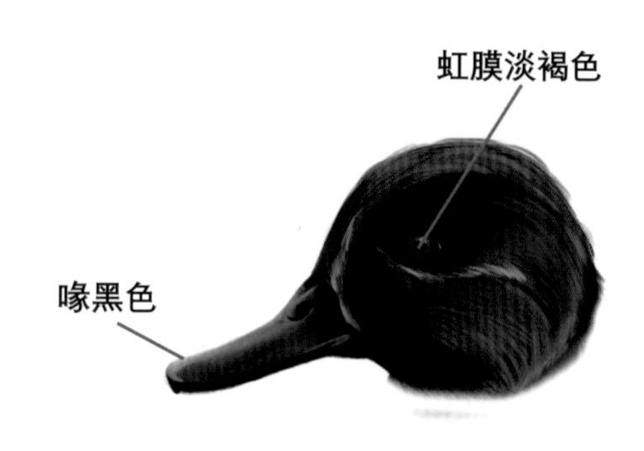

♂

▲ 成对活动

形态特征

雄性绿翅鸭繁殖羽头颈深棕色，眼后有绿色带状斑，翅上有金属绿色翼镜，下体棕白色，布满黑色小圆点，体侧有着黑白相间的细斑。雌鸟上体暗棕色，下体白棕色，与体侧都具有褐色斑点，翼镜比雄鸟小。

繁殖行为

绿翅鸭通常会将巢建造在有着茂密水草的隐蔽处，收集芦苇和灯芯草等材料筑成简便的巢穴。

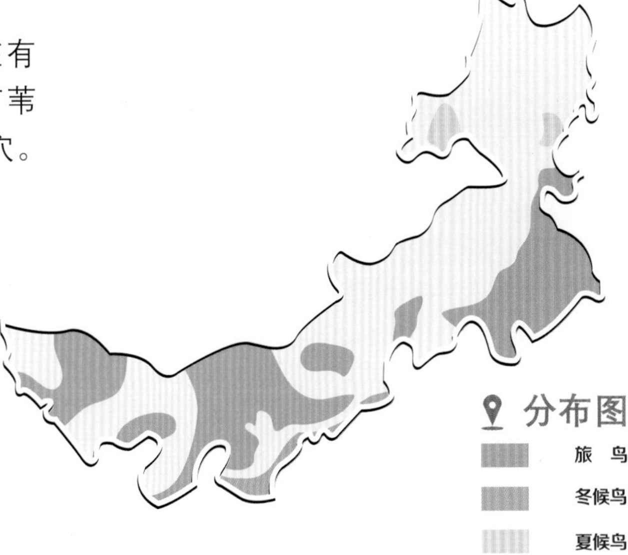

▲ 觅食

♀

生活习性

绿翅鸭主要以水生植物的种子与叶片为食，有时也到农田中吃散落的谷粒，偶尔还会吃甲壳类和其他小型无脊椎动物。

绿翅鸭喜欢集群生活，迁徙时也常聚集在一起。飞行时它们的头向前伸，两翅扇动的频率很快，会发出“呼呼”的声音。虽然它们的飞行速度很快，但在陆地上行走却有些笨拙。

你知道吗？

绿翅鸭曾被人们称为画着脸谱的“丑小鸭”，因为它们眼后有绿色带状斑像极了京剧中的脸谱，且身体上斑纹都极具特色。

琵嘴鸭

Spatula cypeata

雁形目 · 鸭科 LC

琵嘴鸭主要以鱼、甲壳类和水生昆虫等为食，偶尔也会食用水藻等。

特征概述

琵嘴鸭的喙长而大，喙端较宽，像一个大铲子，这可是琵嘴鸭专属的“捕食利器”。在不同环境中，喙也有不同的“用法”。在陆地上，它们会在沼泽地利用“大铲子”进行掘食；在水中，它们会在浅水区将“大铲子”放进水中不停摆动，这样不仅可以掘食，还可以过滤食物。

形态特征

雄性琵嘴鸭头至颈呈暗绿色且具有光泽，翼镜为绿色并带有金属光泽，腹部栗棕色，嘴大而扁平。雌鸟上体暗褐色，头颈有棕色斑纹，下体浅棕色，有褐色斑纹，翅上翼镜较小。

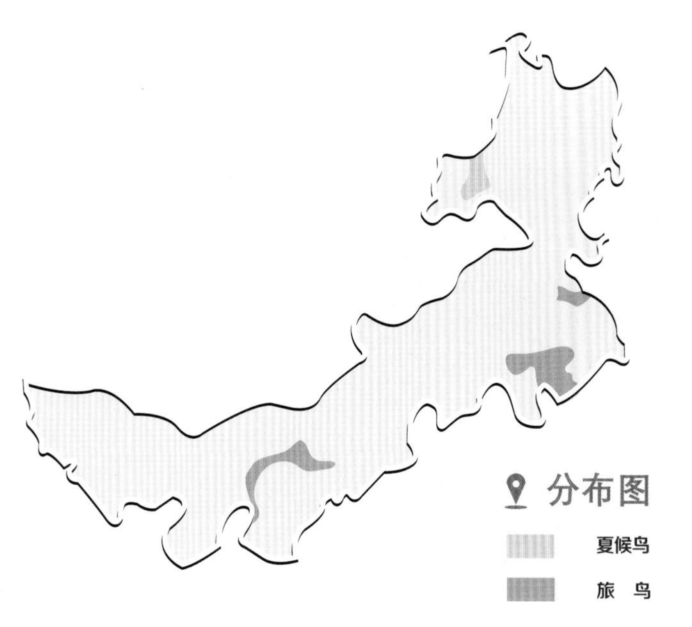

▲ 水面起飞

生活习性

琵嘴鸭会在浅水区附近利用天然的凹坑筑巢。它们十分谨慎，如遇到危险则立刻向远处游去或高高飞起，飞行十分快速，飞行时翅膀会发出“呼呼”的声音。

你知道吗？

琵嘴鸭与绿头鸭的相似度很高，该如何区分呢？

区分雄鸟，可以看喙部和颈部，琵嘴鸭的喙是黑色的，形状如“大铲子”，而绿头鸭的喙为黄绿色。区分雌鸟，可以看喙部和头部，琵嘴鸭的喙是黄褐色，头部有棕色斑纹，绿头鸭的喙是黑褐色，头部无斑纹。

白眉鸭

Spatula querquedula

雁形目 • 鸭科 

白眉鸭属于小型鸭类，
与绿翅鸭大小相似。

形态特征

雄性白眉鸭的眉纹白色，一直延伸到颈部后方，身上有着密密麻麻的白色细纹，翅上有着绿色金属光泽翼镜。雌鸟身上布满棕色细纹，眼下有棕白色条纹延伸至耳部。

繁殖行为

白眉鸭会利用天然的洞穴或凹坑来筑巢，也会将自己的绒羽铺到巢的四周，当它们离开巢穴外出觅食时，便会用羽毛将巢穴盖住。

▲ 游泳

生活习性

白眉鸭主要以水生植物的种子、叶和茎为食，也会到农田中寻觅谷粒，偶尔也会食用甲壳类与水生动物。

白眉鸭通常会在夜晚觅食，白天多在隐蔽的地方休息。它们不善潜水，也不会像有些鸟类一般“倒栽葱”式觅食，所以只能潜伏在水草茂盛的地方活动和觅食。

你知道吗？

白眉鸭“鸭如其名”，有着长长的白色“眉毛”，好像白眉大侠，所以叫作白眉鸭，而延伸至后颈的白色眉纹也成为了它们标志性的特点。

红头潜鸭

Aythya ferina

雁形目 · 鸭科 

红头潜鸭主要以水生植物、
鱼、虾和甲壳类为食。

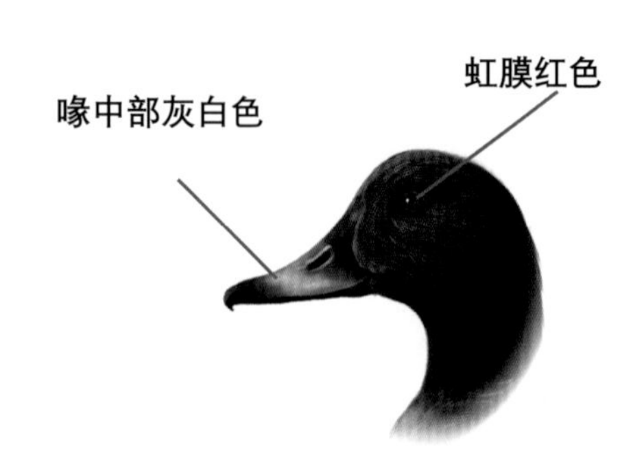

▲ 嬉戏

形态特征

雄性红头潜鸭头颈部呈栗红色，背部与翅上呈淡灰色并伴有黑色细纹，翼镜白色。雌鸟头颈部呈棕褐色，身体上部分呈黄褐色，下部分呈灰褐色，翼镜灰色。雄鸟的嘴中间部分灰白色，雌鸟嘴端有灰白色条斑。

生活习性

红头潜鸭虽然飞行速度很快，但其实在飞行前需要助跑才可以成功快速起飞。而在飞行时，它们的身体显得十分沉重，让人觉得它们的翅膀无法持续飞行。

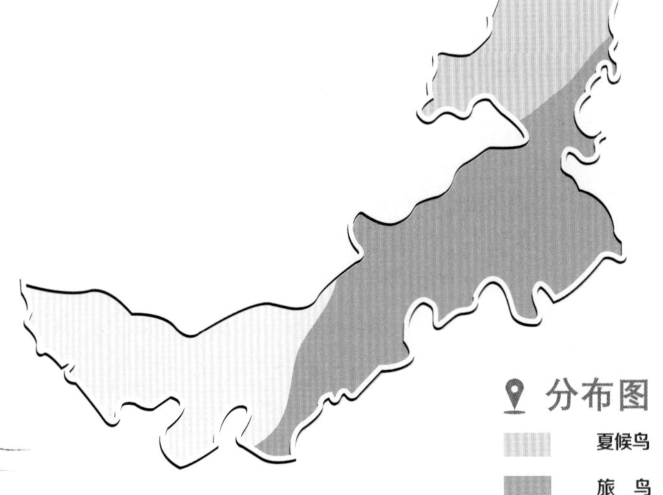

▲ 起飞

♀ win.

红头潜鸭常在清晨与黄昏觅食，白天对于它们来说属于休息睡眠的时间。

它们通常会在开阔的水面上活动，还会在水面上一动不动地睡觉。如果遇到危险呢？没关系，红头潜鸭会通过潜水的方式来躲避天敌。

你知道吗？

红头潜鸭与凤头潜鸭虽然在羽色上有区别，但当光线不好时，就只能靠头部的形状来区分二者。红头潜鸭的头部有一定弧度，没有羽冠，而凤头潜鸭的头部为方形，头上有羽冠。

赤嘴潜鸭

Netta rufina

雁形目 • 鸭科 LC

雄性赤嘴潜鸭在繁殖期会换上颜色鲜艳的繁殖羽，这时的雄鸟头颈部呈深栗色，羽毛非常蓬松，背部褐色，腰和尾黑褐色并具有绿色光泽。

形态特征

赤嘴潜鸭头部大而圆，看起来可爱极了。雌鸟头部暗棕褐色，上体浅棕褐色，翼镜灰白色，下体淡灰褐色。雄鸟非繁殖羽期与雌鸟相似，嘴红色，有着白色翼镜。

繁殖行为

雄性赤嘴潜鸭看起来十分呆萌，它们是妥妥的“暖男鸭”。在繁殖期，它们会与雌性赤嘴潜鸭一起在植物茂盛的地方筑巢。在雌鸟孵卵时，它们也会一直陪伴左右，在雌鸟外出觅食时，它们还会去承担孵化的任务。

▲ 觅食

生活习性

赤嘴潜鸭主要以水藻和其他水生植物为食，也会到农田之中觅食植物种子与散落的谷粒。

赤嘴潜鸭通常会在清晨与黄昏进行觅食，但与其他潜鸭不同的是，潜水并不是它们最喜欢的觅食方式，它们更喜欢用嘴轻点水面，或将头点入水中觅食。

♀

你知道吗？

赤嘴潜鸭十分安静，很少鸣叫，只有在求偶时才会发出略带颤抖的“seer-seer”音。

白眼潜鸭

Aythya nyroca

雁形目 · 鸭科 

白眼潜鸭主要以各种水生植物为食，也会食用甲壳类和水生昆虫等动物。

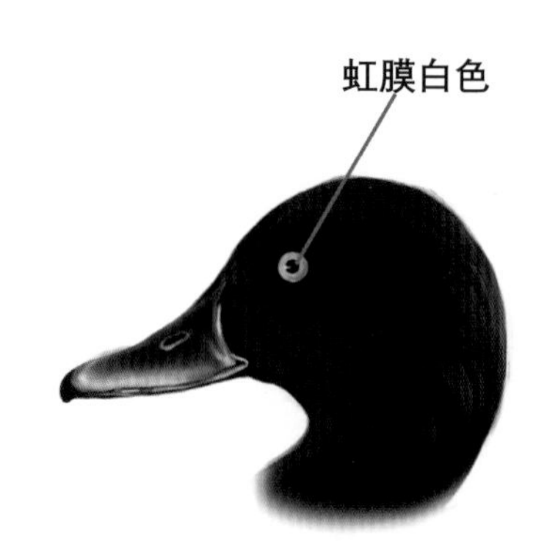

▲ 家庭活动

形态特征

雄性白眼潜鸭的头和颈部为深栗色，背部有棕色不明显的虫蠹状斑，尾下覆羽为白色。雌鸟头棕褐色，颈部颜色较暗，双翅与雄鸟相似，尾下覆羽也为白色。

繁殖行为

白眼潜鸭的巢是浮巢，通常会建造在浅水区的水草中，漂浮于水面或微微固定在水草上。它们偶尔也会将巢建造在靠近水边的草地上，收集一些植物的茎叶作为材料。

▲ 巢穴

生活习性

鸟类没有牙齿，那它们如何吃一些甲壳类食物呢？在鸟类的胃中其实有很多沙粒，它们会将甲壳类的硬壳轻松磨碎，仿佛一个“磨石器”。

白眼潜鸭极善潜水，但在水中停留时间较短，常常将自己潜伏或隐蔽在茂盛的植被当中。相较于其他潜鸭类，白眼潜鸭在起飞时更加容易、敏捷。

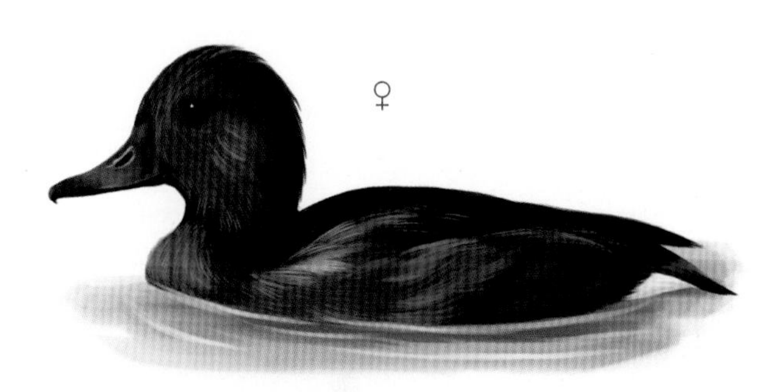

你知道吗？

潜鸭属一般头大，体形较圆，善于收拢着翅膀潜水，主要依靠潜水来觅食，所以潜鸭的“潜”字原来是爱潜水呀。

凤头潜鸭

Aythya fuligula

雁形目 • 鸭科 LC

凤头潜鸭主要以鱼、虾、贝类和水生昆虫等为食，偶尔也会吃水生植物。

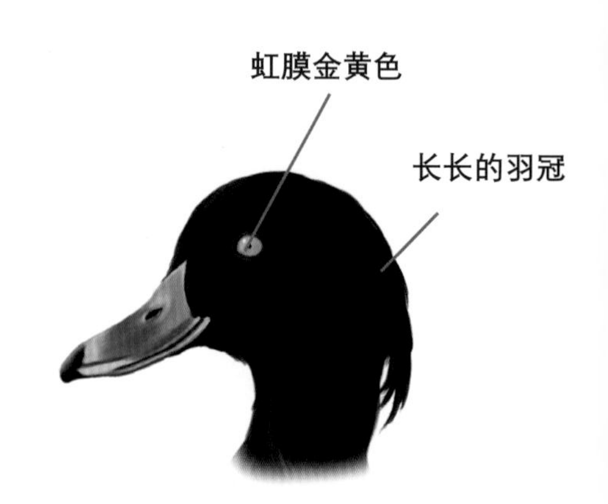

▲ 觅食

特征概述

凤头潜鸭非常喜欢吃带壳的软体动物，但是它们的嘴里又没有牙齿，它们是如何对付那些坚硬的外壳呢？凤头潜鸭可是十分聪明的，它们会挑选一些小型且外壳比较脆弱的软体动物，满足这两点的沼蛤就是凤头潜鸭最喜欢吃的食物。沼蛤会一串一串粘连在一起，通常靠在一些石头或植物的根部，它们的壳很脆弱，非常容易咬碎，而且凤头潜鸭的胃里可是有“磨石器”的。

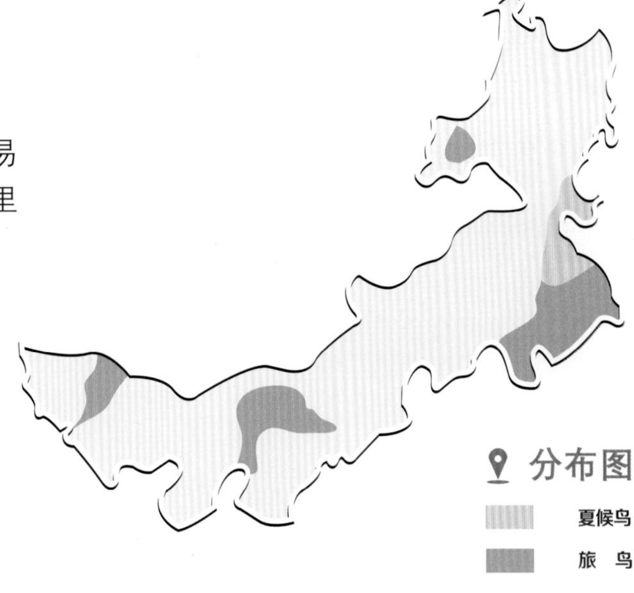

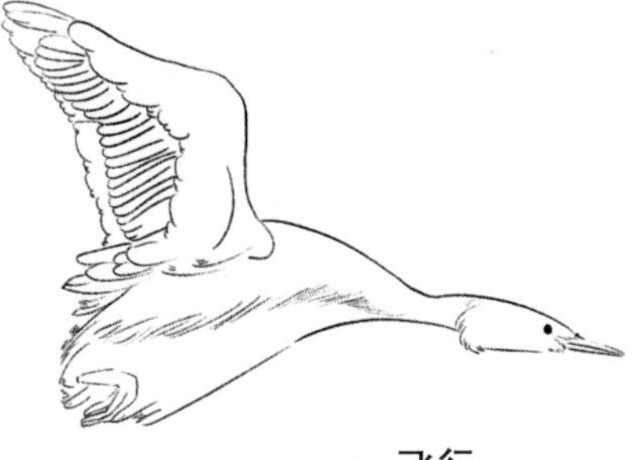

▲ 飞行

形态特征

雄性凤头潜鸭头颈黑色并具有紫色光泽，头顶有长长的黑色冠羽，翅上有白色翼镜。雌鸟整个上半身包括冠羽皆为黑褐色，但与雄鸟相比，冠羽较短且无光泽。雄鸟的非繁殖羽与雌鸟相似，但头部和上体颜色较暗。

生活习性

凤头潜鸭与之前认识的红头潜鸭有所不同，凤头潜鸭一般会在白天觅食，夜晚在离岸边不远的水面上睡觉。它们嘴巴宽宽的，有微微弧形，便于将水底的食物“一举拿下”。

你知道吗？

凤头潜鸭的造型相比其他潜鸭可谓是别具一格，头顶的冠羽像是一簇下垂的“小辫子”，而“小辫子”也会随着头的摆动而摆动，因此被人们称为凤头潜鸭。

斑脸海番鸭

Melanitta fusca

雁形目 • 鸭科 

斑脸海番鸭全身羽毛颜色较深，嘴巴厚厚的，看上去十分笨拙。

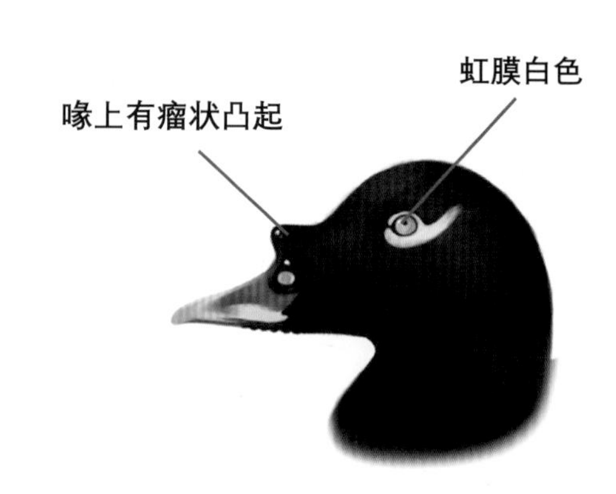

▲ 喙部形态

 ♂

特征概述

斑脸海番鸭喙的颜色可谓是“鸭族”中颜色偏多的一种，雄鸟的喙灰色，前端为黄色，两侧为粉色；雌鸟的喙甲与喙的上部分为淡紫色，喙边缘为黑色。

形态特征

雄性斑脸海番鸭全身皆为黑色，具有紫色金属光泽，眼下与眼后有白色斑块，翼镜为白色，上喙基有凸起的肉瘤。雌鸟全身褐色，眼前与眼后皆有白色斑点。

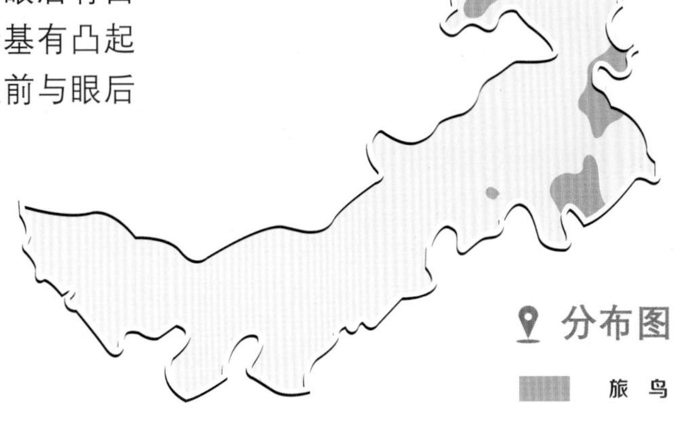

▲ 觅食

生活习性

斑脸海番鸭主要以鱼、贝类和水生昆虫等动物为食，偶尔也会食用水生植物。

斑脸海番鸭觅食时间通常在白天，它们忙忙碌碌，几乎一整天都在潜水捕食。它们在潜水前将翅膀微微张开进入水中，休息时间会微微展开双翅伸展身体，将头部扬起，像极了“伸懒腰”的样子。

斑脸海番鸭喜欢寒冷的地方，主要活动于较冷的淡水湖泊中，所以一般在南方很少会见到它们的身影。

♀

你知道吗？

斑脸海番鸭是世界上最丑的鸭子吗？

斑脸海番鸭是不是鸭子里最丑的，并没有科学依据表明，不过它们的确有些怪怪的。一般鸟类的雄性总是比雌性更加美丽，而斑脸海番鸭的雄性却有些丑萌。

鹊鸭

Bucephala clangula

雁形目 • 鸭科 

鹊鸭是十分勤俭持家的鸟类，只要巢未被破坏，它们就会一直使用。

▲ 起飞

形态特征

鹊鸭喜欢成群结队的生活。一般雄鸟头颈部为黑色并带有紫蓝色金属光泽，胸部灰白色，脸颊两边各有一大大的圆斑。雌鸟上体黑褐色，头颈部为褐色，颈部有一条污白色环纹，翅上有两条明显的黑色横纹。

繁殖行为

鹊鸭通常会选择在天然的树洞中筑巢，特别是桦树、杨树和橡树等。在求偶时，雄性鹊鸭会排练一段舞蹈来吸引雌鸟的注意，如若获得了雌鸟的芳心，它们便会头顶着头开始转圈，跳起优美的舞蹈。刚出生的雏鸟需要从树洞跳出，然后进入水中活动，学习觅食。

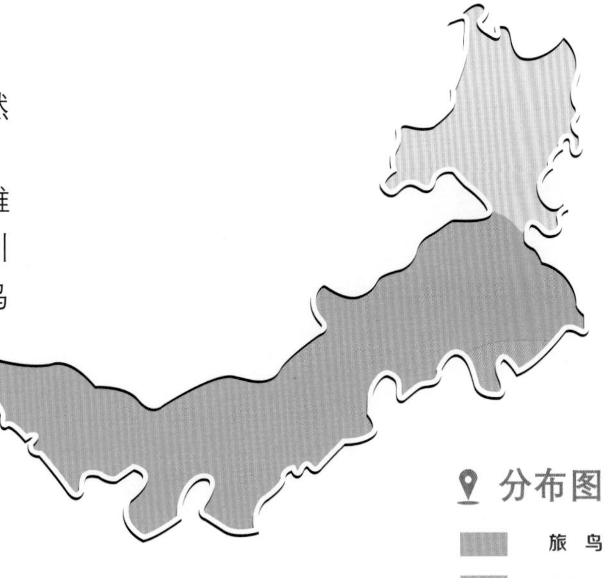

▲ 群体活动

生活习性

鹊鸭主要以水生昆虫、蝌蚪、甲壳类和软体动物等动物为食。

鹊鸭在水中的动作十分有趣，它们喜欢将身体埋入水中，一会儿将身子潜入水下，一会儿又探出头来。

你知道吗？

鹊鸭有个别名叫作喜鹊鸭，是因为它们长得像喜鹊啦。鹊鸭也是水鸭家族中的“喜剧大师”，有时一只搞怪而另一只便开始模仿，仿佛经过了人工训练一般，有趣极了。

斑头秋沙鸭

Mergellus albellus

雁形目 • 鸭科 LC

斑头秋沙鸭的喙呈钩状，喙中长有“牙齿”般的齿状物，但可不是真的牙齿，利用这一特点它们可以轻松捕获食物，叼住滑溜溜的鱼。

▲ “牙齿”

形态特征

斑头秋沙鸭的雄鸟在繁殖期时全身基本以黑白两色为主，头顶有羽冠，眼部的黑白像极了熊猫眼，所以被人们形象地称为“熊猫鸭”，翅上有着明显的白色斑纹。雌鸟头颈栗色，眼先黑色，胸部灰白色。

生活习性

斑头秋沙鸭极善游泳与潜水，一般很少上岸。它们飞行时需要翅膀在水面拍打或助跑一段时间才可以起飞，虽然起飞前有点艰辛，但起飞后，它们可是飞得又快又直。

▲ 觅食

斑头秋沙鸭主要以水生昆虫或甲壳类等动物为食，偶尔也会吃一些水生植物或树叶。

斑头秋沙鸭通过潜水觅食，通常一整个白天都可以在湖面上见到它们的身影，到了夜晚，斑头秋沙鸭则到树洞或芦苇丛中休息。斑头秋沙鸭通常会选择在天然树洞中筑巢，有时也会利用黑啄木鸟废弃的洞穴。

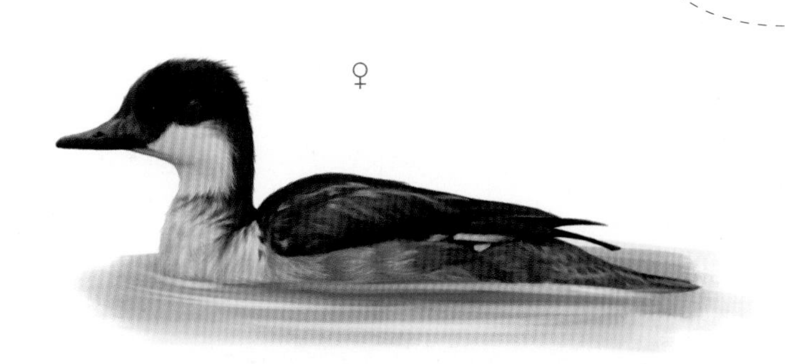

你知道吗？

一般来说，鸭类都是雄性更加好看，但看到斑头秋沙鸭的样子，竟一时分不清谁是雄鸟谁是雌鸟。黑白搭配的雄鸟看着有“非主流”的感觉，相比起来，雌鸟看着就端庄极了。

普通秋沙鸭

Mergus merganser

雁形目 • 鸭科 

普通秋沙鸭嘴细长，尖端有黑色斑点，呈钩状并且有细小的锯齿，它们可以用这些细小的锯齿咬紧猎物，从这个特征也能看出来它们是捕鱼达人。

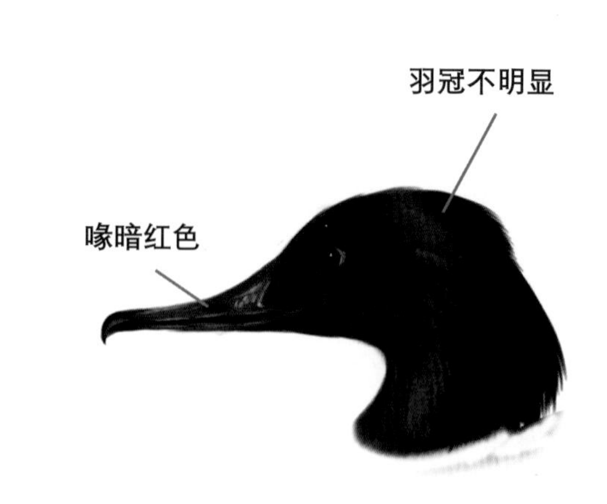

特征概述

普通秋沙鸭是我国秋沙鸭中分布最广、数量最多的一种，也是秋沙鸭家族里个体最大的一种，算是一种“重量级”的鸟类。

普通秋沙鸭的潜水本领很好，在水中能潜游半分钟之久。虽然有的普通秋沙鸭会飞到南方越冬，但也有数量不少的仍然选择留在寒冷的北方，感受银装素裹的冬季。

形态特征

在众多鸭类中，普通秋沙鸭的相貌算是看一眼就无法忘记的类型。雄性普通秋沙鸭冠羽蓬松，微微参起，

▲ 家庭活动

有点朋克风且带有金属绿色光泽；背部绿黑色，与乳白色的胸腹形成鲜明的对比。雌性普通秋沙鸭头和上颈呈棕褐色，上体为深灰色，体两侧浅灰色。

繁殖行为

普通秋沙鸭会在靠近水边且距离地面 3~15 米的树洞里筑巢。小鸭子出壳后的第二天，就要离开温暖的家，跟随妈妈外出觅食。

你知道吗？

普通秋沙鸭拍打翅膀是在玩水嬉戏吗？并不是。秋沙鸭由于自身的重量，飞行显得十分吃力，需要两翅一边急速拍打，一边在水面上助跑一段距离才能真正飞起来，虽然飞得吃力，但飞行速度并不慢。

小鹛鹛

Tachybaptus ruficollis

鹛鹛目 • 鹛鹛科 

小鹛鹛通常在白天觅食，依靠着出色的潜水技能捕食和躲避天敌。

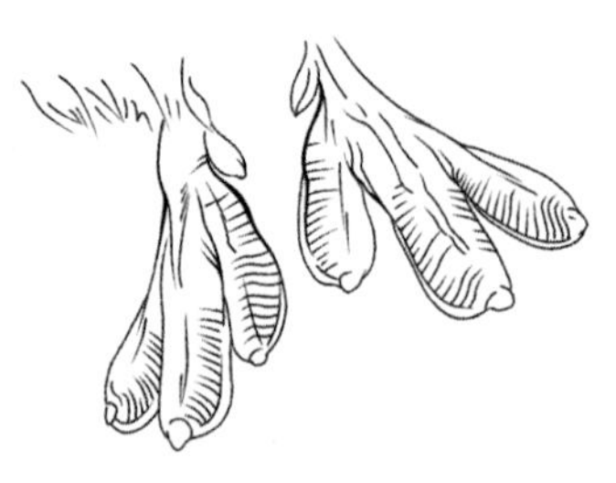

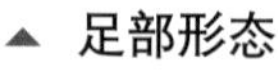

特征概述

小鹛鹛虽然善于游泳和潜水，可它们的“划水设备”与自身似乎不太匹配。因为它们的蹼是瓣蹼，趾与趾之间的蹼并不相连，不过小鹛鹛早已适应了它的足。

形态特征

小鸊鷉是较为常见的一种鸟类，分布范围广，夏天嘴基部为浅色，身着红褐色的衣服，而冬天又换上了灰褐色的衣服。

▲ 水面奔跑

生活习性

小鸊鷉喜欢吃小鱼小虾、小蝌蚪和蜻蜓幼虫，偶尔也会吃一些水生植物。

小鸊鷉的飞行能力不强，所以除了在栖息地转移或迁徙的时候，极少长距离飞行。因此，到了冬天，在没有完全冰冻的水域上，就会有它们越冬的身影。它们会从冰的边缘处钻入水中捕捉食物。

你知道吗？

小鸊鷉在下潜捕食或躲避天敌的时候，身体沉在水中，只露出头用眼睛关注着四周。潜水时它们会先扬起身子，再一头扎进水中。近距离看，两只足从侧面划水的样子像极了龟鳖类动物，又因长相像鸭子，所以人们为它们取了个十分形象且有趣的名字。

凤头䴙䴘

Podiceps cristatus

䴙䴘目 · 䴙䴘科 LC

凤头䴙䴘的飞行较快，双翅十分有力，但飞行能力不强，喜欢栖息在开阔且水草茂盛的湖泊之中。

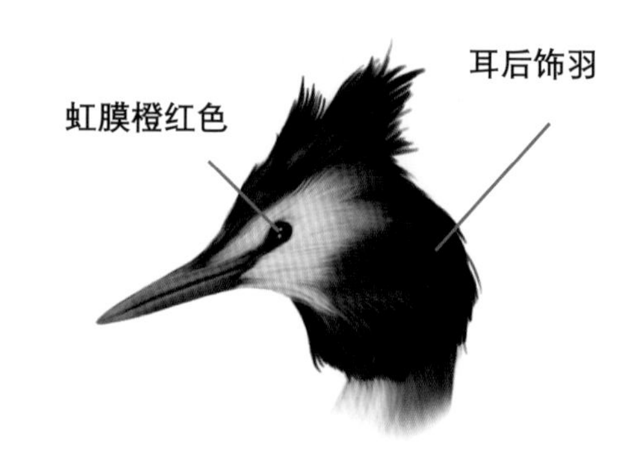

形态特征

凤头䴙䴘是䴙䴘家族中体型最大的一种䴙䴘，枕部两边的羽毛从两侧延伸形成的黑色羽冠十分美丽，仿佛扎了两个向上的小辫子，所以称为凤头䴙䴘。

生活习性

凤头䴙䴘主要喜欢吃各种鱼类，也会吃其他软体动物与水生植物。

▲ 飞行

繁殖行为

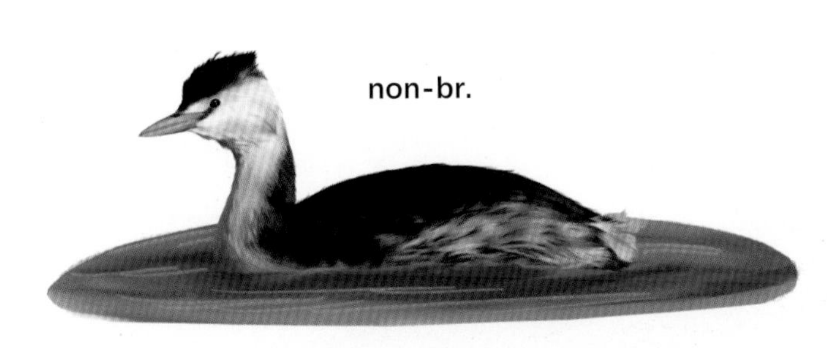

凤头䴙䴘在繁殖前会用水生植物和泥土碎枝混合，建造属于自己的浮巢。产卵后由雌雄䴙䴘共同孵蛋。凤头䴙䴘的雏鸟属于早成鸟，刚出生不久就可以跟随着母亲到水中活动觅食。

繁殖期间凤头䴙䴘会进行极具仪式感的求偶行为。雌鸟与雄鸟在湖面上相对而游，像照镜子似的，或相视“高歌”，或身体高高挺起，又或衔着一根水生植物进行表演。

你知道吗？

凤头䴙䴘可以在陆地上灵活行走吗？

凤头䴙䴘与小䴙䴘一样，它们的趾间具有瓣状蹼并且双足靠后且偏向两侧，走起路来的样子像极了刚学走路的婴儿。

角䴙䴘

Podiceps auritus

䴙䴘目·䴙䴘科 

角䴙䴘的食物多数以鱼类为主，也喜欢吃蛙类和蝌蚪。

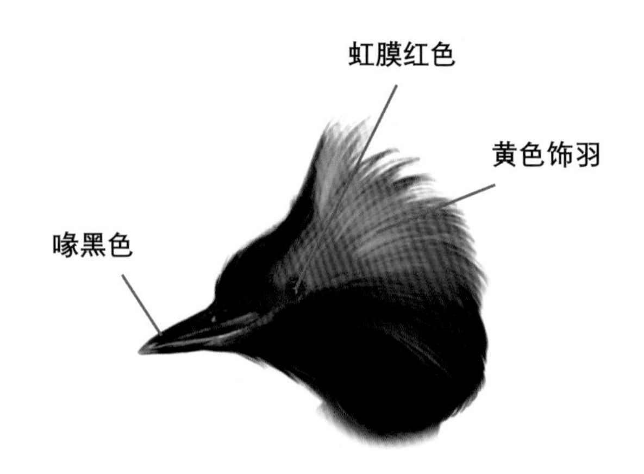

特征概述

角䴙䴘的尾羽退化，与体羽很难区分，看起来就像是没有尾巴。虽然它们经常在水中翘起自己的尾部，但是角䴙䴘的尾巴只不过是簇羽毛，并不能像其他潜水的鸟类是用尾巴来掌舵。

角鸊鷉的雏鸟刚出生就披着绒毛，但羽色却和它们的父母相差较大，身体羽色为灰褐色，头和颈部有着深色条纹。

▲ 觅食

形态特征

角鸊鷉的夏羽和冬羽有很大差异，夏羽的头、背和后颈为黑色，有着金属光泽，胸部与体侧为栗红色，饰羽从眼睛两侧延伸到头后部，如两个角一般，极为明显，所以称为角鸊鷉。冬羽的头、背和后颈为黑褐色，体侧白色，有白色翼镜。

你知道吗？

角鸊鷉会吃自己的羽毛？

是的，其实很多鸟类都具有这样的行为。人们猜测，这可能是在帮助鸟类消化胃里没有消化完的鱼骨，也可能是利用羽毛消除肠道中的寄生虫。

生活习性

角鸊鷉多在清晨和下午潜水觅食，它们长着像凿子一般的短喙，适合捕食小鱼小虾。

黑颈䴙䴘

Podiceps nigricollis

䴙䴘目 · 䴙䴘科

黑颈䴙䴘的喙细而尖，微向上翘，
在中国数量稀少。

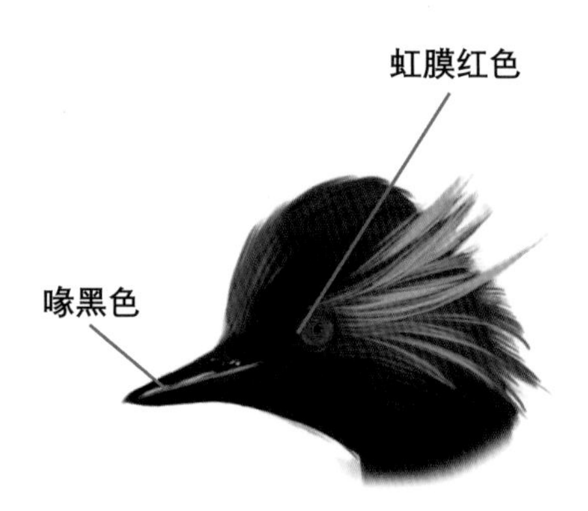

♂ br.

特征概述

人工饲养䴙䴘都以失败告终。因为䴙䴘只吃活物，为人工饲养的䴙䴘一直提供食用活物是一件不太容易的事情；其次，䴙䴘“走”（足划水+振翅）的速度很快，即使有很大的空间也无法避免它们会撞击到障碍物。

形态特征

黑颈䴙䴘夏羽头颈为黑色，眼睛后方有一簇散开的扇形丝状饰羽。冬羽头颈为黑褐色，无眼后的饰羽，比较容易区分。与其他䴙䴘一样，黑颈䴙䴘不善于在陆地上行走，游泳时也会将雏鸟放在自己的背上。

▲ 雏鸟

生活习性

黑颈䴙䴘的主要食物为昆虫与其幼虫，各种蛙、蝌蚪与软体动物。在繁殖期时，它们喜欢在有水生植物的水域活动，遇到天敌时会迅速躲进旁边水草丛中。

你知道吗？

凤头䴙䴘是䴙䴘家族中体型最大的成员，而小䴙䴘是体型最小的成员。角䴙䴘被称为缩小版凤头䴙䴘，与凤头䴙䴘换成冬羽时的外观相似，黑颈䴙䴘的体型比角䴙䴘略小。

红嘴鸥

Chroicocephalus ridibundus

鸻形目 • 鸥科 LC

红嘴鸥有着标志性的红嘴和棕色的“面罩”。

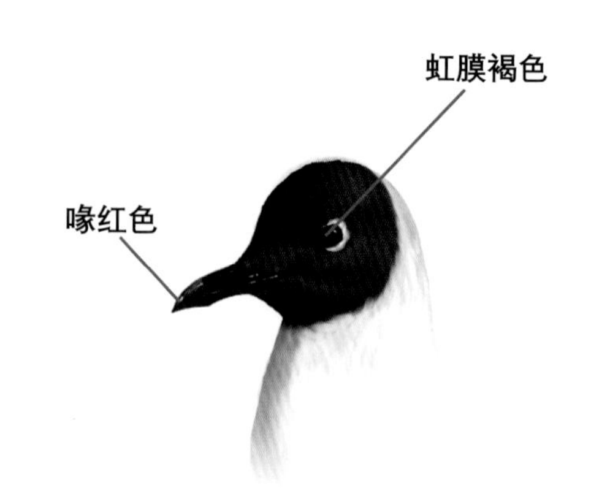

▲ 捕食

♂ br.

特征概述

红嘴鸥与棕头鸥长得极为相似，只能通过细节来区分。例如，棕头鸥的白色眼睑比红嘴鸥更粗，而且棕头鸥的翼尖上还有白斑。

形态特征

夏天，红嘴鸥头部是咖啡褐色，背部翅上呈淡灰色，外侧飞羽白色，尖端为黑色。到了冬天，红嘴鸥头部变成白色，眼部与耳部有深色斑纹，翼尖黑色。

成对活动

生活习性

non-br.

红嘴鸥主要以小鱼、小虾、甲壳类或水生昆虫等动物为食，也会吃一些死鱼及其他动物的尸体。

红嘴鸥喜欢聚在一起生活，常浮在水面上与其他鸟类混在一起。不仅如此，在筑巢时红嘴鸥也会在一起聚集，通常会把巢建在岸边的草丛或是芦苇丛中，有时也会在水中漂浮的植物上筑巢。

你知道吗？

我们可以喂这些鸟类吗？

当然不可以，在迁徙期，鸟类需要吃掉大量的小鱼和小虾来补充能量，如果我们人类喂食它们，反而导致它们会营养不良，无法为迁徙提供能量。

棕头鸥

Chroicocephalus brunnicephalus

鸻形目 • 鸥科 LC

棕头鸥主要以小鱼、小虾、软体动物、甲壳类与水生昆虫为食。

▲ 哺育

♂ br.

形态特征

棕头鸥是一种中型水鸟，飞行能力极强。夏羽的头部呈褐色，与白色颈部连接处颜色较深；翅上羽毛灰色，翼尾有白色斑块。冬羽与夏羽相似，最大的不同就是头为白色，在眼后具有暗色斑纹。

生活习性

虽然棕头鸥的捕食种类较多，但它们的捕食能力不强，所以经常在鸬鹚身后“捡漏”，吃一些剩下的食物。

繁殖行为

棕头鸥在繁殖期有固定的巢区，它们常常会偷取斑头雁的筑巢材料，更过分的是，它们还会趁斑头雁外出时偷吃它的卵。

棕头鸥的防御性极强，尤其在孵化期、育幼期或是有人进入巢穴区域的时候。通常鸟类会引诱干扰者离开巢穴，而棕头鸥比较直接，会低空盘旋嘶叫，甚至是“粪便”攻击。

你知道吗？

红嘴鸥虹膜褐色，眼珠黑色；棕头鸥虹膜淡黄，眼珠透明。红嘴鸥翼尖没有白斑；棕头鸥翼尖有大块白斑。

遗鸥

Ichthyaetus relictus

鸻形目 • 鸥科 

遗鸥是一种非常珍稀的鸟类，也是被人类所认识最晚的鸟种之一。

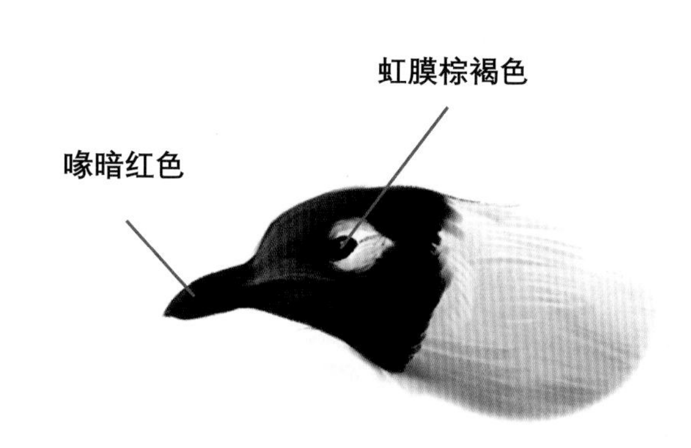

▲ 觅食

♂ br.

特征概述

遗鸥种群数量很不稳定，原因在于它们的主要繁殖地处于荒漠地区的湖心岛上，而荒漠地区的降水量极不稳定。因此保护湖心岛成为了保护遗鸥的关键。

形态特征

遗鸥冬羽与夏羽差异较大，十分容易分辨。遗鸥夏羽的头部呈深棕褐色，背部灰色，下体白色，尾部有黑色斑块；遗鸥冬羽的头部为白色，头侧有黑色斑纹。

夏候鸟

旅 鸟

鸣叫 ▶

non-br.

生活习性

虽然遗鸥在当地被称为“钓鱼郎子”，但事实上水生和无脊椎动物才是它们的主要食物。

遗鸥喜欢栖息于开阔平原上，站立时头颈伸得很直，仿佛在沐浴阳光。每当晴好天气的黄昏，众多外出觅食的遗鸥纷纷归来，在岛屿及附近水面上嬉戏，一片喧闹壮观的景象。

你知道吗？

你知道遗鸥为什么被称为最脆弱的鸟类吗？

遗鸥是世界濒危鸟类之一，属国家一级保护动物，由于数量少且分布范围小，只在干旱荒漠湖泊的湖心岛上生育后代，所以被称为高原上最脆弱的鸟类。

西伯利亚银鸥

Larus smithsonianus

鸻形目 • 鸥科 

西伯利亚银鸥一般在西伯利亚北部地区繁殖，所以由此得名。

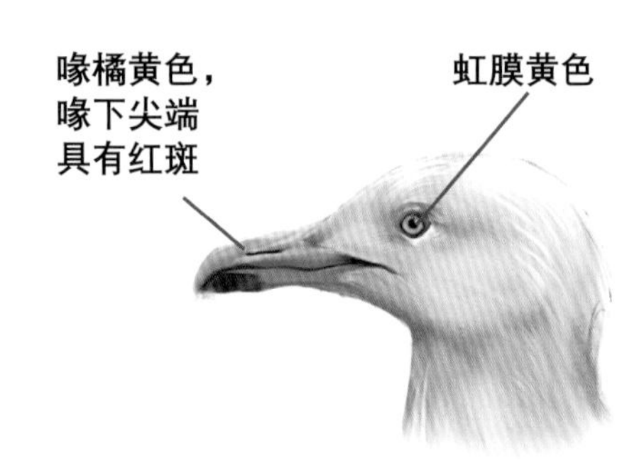

特征概述

西伯利亚银鸥喜欢聚集在一起，常在水面上低空飞行，还会利用空气中的热气流进行滑翔来节省体力。当它们远道而来到达中国时，首先需要的就是休息调整，刚休整的时候，会跟在鸬鹚身后捡一些食物吃。它们从不挑食，生存能力极强。

根据最新的分类，我国只有两种银鸥，西伯利亚银鸥和黄腿银鸥，最常见的就是西伯利亚银鸥，西伯利亚银鸥的亚种有很多，常常被认成其他鸥类。

▲ 群体活动

▲ 捕食

形态特征

西伯利亚银鸥是一种体型较大的鸟类，雌雄羽色相似，头部和颈部整年几乎是全白的。在冬天，它们的颈部有不明显的纵纹，背部呈淡灰色，羽末端呈黑灰色，飞行时会展现出白色翼镜。

繁殖行为

4~7 月是西伯利亚银鸥的繁殖期，它们会在一起筑巢，通常将巢建在海岸的悬石上，由雌鸟与雄鸟共同孵卵。

你知道吗？

西伯利亚银鸥的叫声十分有特点，在几声有力短促的鸣叫后会发出一连串稍弱的鸣叫声，有非常独特的节奏。

黄腿银鸥

Larus cachinnans

鸻形目 · 鸥科 

黄腿银鸥与西伯利亚银鸥一样，
最醒目的特点便是嘴上的一点红，
人们把它叫做“乞食斑”。

▲ 群体活动

形态特征

黄腿银鸥是大型鸥类，体长达57~64厘米，翼展达140~155厘米。上体呈浅灰色，冬天身上无褐色斑纹，雌雄同色。它们的叫声十分奇特，像是断断续续的笑声。

生活习性

每年的10月开始，2000多位鸥科家族的成员会准时到达黄浦江，其中黄腿银鸥数量最多。它们白天在黄浦江嬉戏觅食，夜晚在江口休息。

分布图

夏候鸟

▲ 飞行

觅食 ▶

黄腿银鸥的食物种类很多，如鱼类、无脊椎动物和小型哺乳动物等，有时也会在垃圾中寻找食物。

黄腿银鸥最常捕食的便是鱼类。它犀利的眼神常常让人们觉得它充满了“狼性”，所以也被人们称为“刀鱼狼”。除此之外，它还有一个鲜有人知的称号——大自然的清道夫，这是因它有时也会吃动物尸体。

你知道吗？

乞食斑有什么作用？

乞食斑是为了引导幼鸟在饥饿时，通过啄食红斑向父母索要食物。除此之外，这个红斑也是防止幼鸟在吃东西时误啄到黄腿银鸥父母的眼睛。

红嘴巨燕鸥

Hydroprogne caspia

鸻形目 · 鸥科 LC

红嘴巨燕鸥是世界上体型最大的燕鸥。

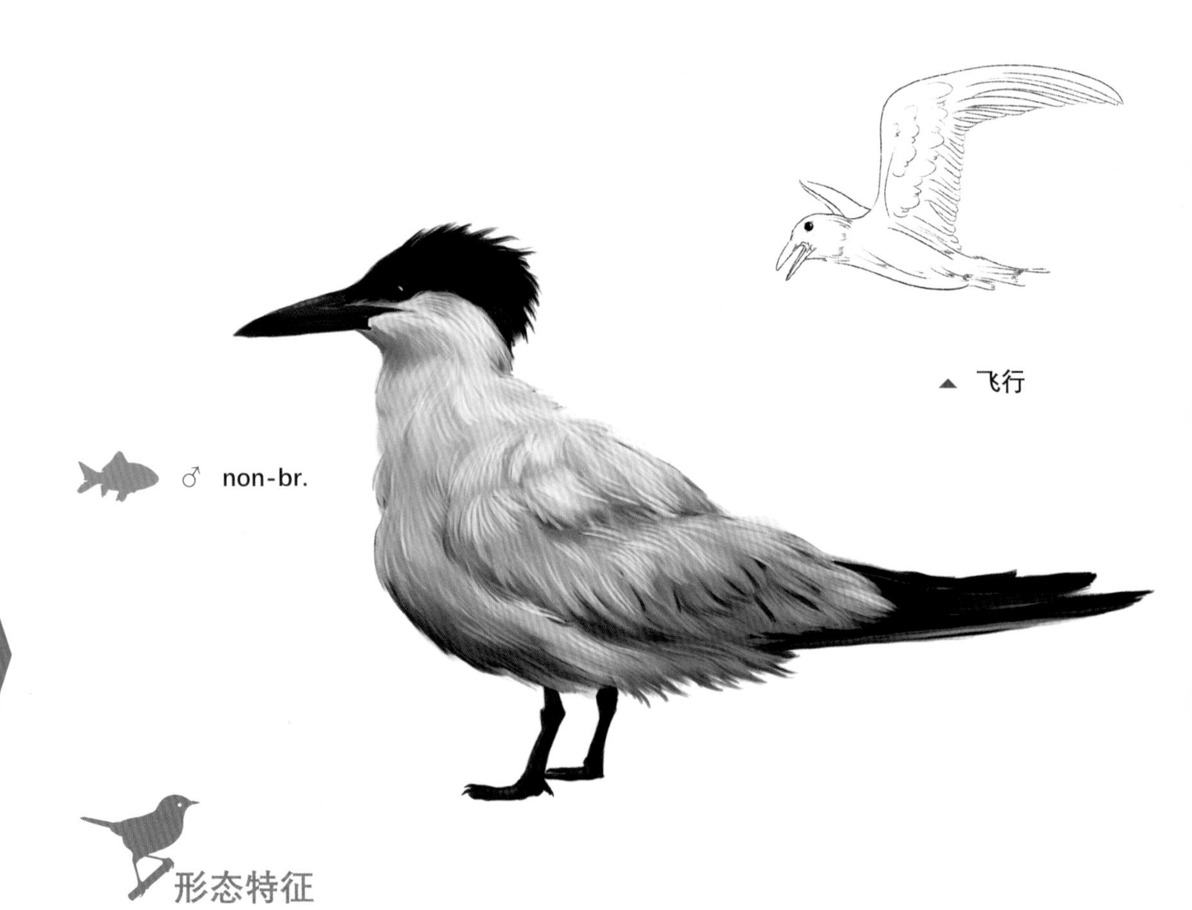

▲ 飞行

形态特征

红嘴巨燕鸥的尾巴较短，身体几乎全白，翼尖为黑色。红嘴巨燕鸥夏天头顶呈黑色，冬天头顶变为白色并且有黑色纵纹，头顶有短短的冠羽。

繁殖行为

红嘴巨燕鸥常常在一起筑巢，它们会将巢穴建在湖泊和河流等生长着植物的盐碱地上，利用天然凹坑筑巢。红嘴巨燕鸥的宝宝由父母共同孵化，一个月左右便会飞翔。

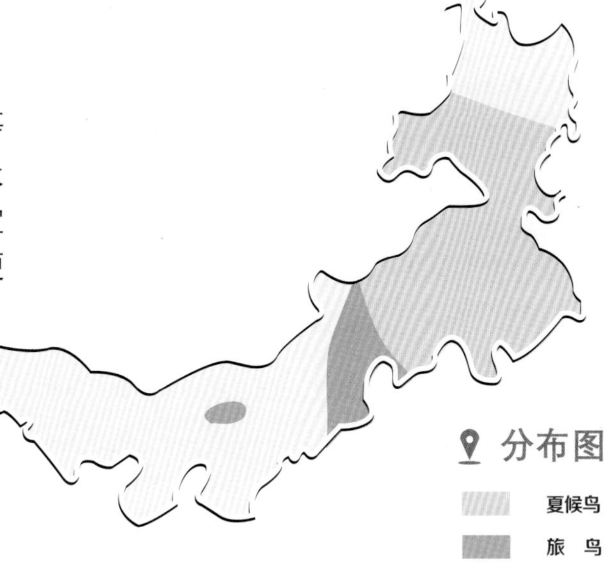

▲ 捕食

生活习性

红嘴巨燕鸥以小鱼为食，也吃甲壳类和昆虫等动物。

红嘴巨燕鸥常聚集在一起活动，频繁地在水面上低空飞翔，飞行敏捷而有力，两翅扇动缓慢而轻。当发现水中食物时，常嘴朝下在上空盘旋，然后突然冲下，扎入水中或是潜入水下捕食。如遇危险，它们则会在天空中成群地盘旋飞翔并发出高亢的鸣叫声。

你知道吗?

燕鸥是动物界飞得极远的鸟类，可以从南极洲飞到遥远的北极洲地区，行程约17600多千米。

鸥嘴噪鸥

Gelochelidon nilotica

鸻形目 · 鸥科 

鸥嘴噪鸥主要以鱼、蜥蜴、昆虫及其幼虫和软体动物等动物为食。

▲ 捕食

形态特征

鸥嘴噪鸥的夏羽，额、头顶与头的两侧均为黑色，背、腰和翅膀为灰色，颈部、尾部、眼下与下体均为白色。冬羽头白色，头顶呈灰色并且有不明显的灰褐色斑纹，眼周和耳部有黑色斑纹，背部呈淡灰色，下体为白色。

繁殖行为

鸥嘴噪鸥的繁殖期在5~7月，这时它们会成对地聚集在一起筑巢。它们通常将巢建在河流边的沙地或泥地上，巢穴十分简陋，多在浅坑中铺上枯草即完成。

▲ 飞行

生活习性

鸥嘴噪鸥常在水面飞行，虽然双翅震动缓慢，但飞行动作十分敏捷，可以通过快速下降、上升捕捉猎物。

鸥嘴噪鸥常在湖边沙滩与泥地活动栖息，不喜欢植物茂盛的水域。它们取食一般会用嘴轻掠过水面，很少会潜入水中捕食。鸥嘴噪鸥偶尔会发出“keiweik”的声音。

你知道吗？

鸥嘴噪鸥的生活十分悠闲，喜欢站在浅水区用尖尖的嘴整理自己的羽毛，像是正在梳妆的小姑娘。

白额燕鸥

Sterna albifrons

鸻形目 • 鸥科 

白额燕鸥也被称为小燕鸥。

形态特征

白额燕鸥是体型最小的燕鸥。夏羽前额呈白色，头顶与后颈为黑色，背、腰呈淡灰色；从眼先穿过眼睛的眼纹黑色，与头部黑色相连；下体均为白色。冬羽与夏羽相似，头顶的白色向后扩大。

繁殖行为

5~7 月是白额燕鸥的繁殖期，它们会聚在一起繁殖后代。白额燕鸥会将巢穴建在裸露的沙地上，利用浅坑再收集些枯草，巢穴便大功告成。

▲ 觅食

生活习性

白额燕鸥主要以小鱼、小虾和水生昆虫等小型无脊椎动物为食。

白额燕鸥是一种迁徙性很强的鸟类，通常在潮汐线上或湖泊的浅水区觅食，它们是所有燕鸥中活动最靠近岸边的鸟类。

它们喜欢聚集在一起栖息活动，常会在水面上徘徊飞行，看到猎物便垂直下降，捕捉到便快速飞起，入水快，起飞也快。

▲ 哺育

你知道吗？

燕鸥因为翅膀狭长，所以飞行能力极强。不过，飞行时的燕鸥总是忽前忽后、忽上忽下，像是一个塑料袋一般被强风吹在空中，随风飘扬，没有规律。

普通燕鸥

Sterna hirundo

鸻形目・鸥科 LC

普通燕鸥的飞行速度极快，在飞翔时也会观察水域中的食物，一旦有所发现就会立即冲入水中。

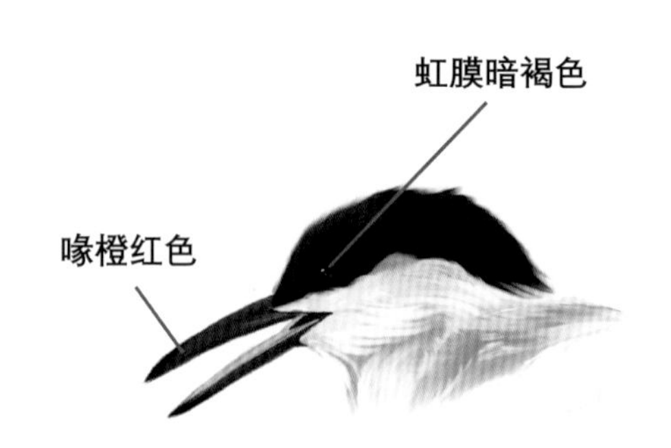

形态特征

普通燕鸥夏羽头顶呈黑色，上体呈灰色，脸颊和喉为白色，下体为白色，腹部呈灰褐色。冬羽与夏羽相似，前额变成白色，头顶前部为白色具有黑色斑纹，尾部为深叉状。

生活习性

普通燕鸥的寿命一般可达 23 岁以上，一般主要以小鱼、小虾、甲壳类和昆虫等为食，春秋季节也会吃蝗虫等。

▲ 飞行

觅食 ▶

繁殖行为

普通燕鸥到了繁殖期会聚在一起筑巢，通常会将巢建在靠近水边的草地或沙石地上。巢穴十分简陋，主要是浅坑中铺垫些枯草与羽毛，它们产卵的方式十分有特点，一天只产一枚或隔一天产一枚。

在江苏的一处小岛，曾生活着300多只普通燕鸥，它们的巢穴密集，一个挨着一个。

你知道吗？

普通燕鸥是分布范围很广的鸟类，因为善于飞行，所以世界各地都能看到它们的身影。它们之所以叫做燕鸥是因为它们有如燕子一样的剪刀尾。

灰翅浮鸥

Chlidonias hybrida

鸻形目 • 鸥科 

灰翅浮鸥颊、喉和眼下的整个颊部为白色，腹部黑色。

♂ br.

育雏

形态特征

灰翅浮鸥的夏羽头顶部为黑色，肩部为灰黑色，背部、腰部和尾部为灰色。冬羽上体灰色，前额白色，头顶黑色且具有白色斑纹，由眼先至耳部有环状黑斑。

繁殖行为

灰翅浮鸥的巢穴十分简陋，一个搭在浮水植物上的编织物，就是它们的家。巢穴会在后期哺育后代时不断地被修缮。

▲ 觅食

生活习性

灰翅浮鸥主要以小鱼、小虾、水生昆虫为食，偶尔也会吃一些水生植物。

灰翅浮鸥喜欢聚集在一起，它们会频繁地在水面上飞行。

灰翅浮鸥拥有流线型的身体，尖尖的嘴，因此它们有自己独特的捕食技巧。它们可以在空中悬停，那样在找到猎物后便可俯冲捕食。

你知道吗？

灰翅浮鸥的领地意识极强，一旦有干扰者闯入巢区，它们便会飞到干扰者的头顶上盘旋鸣叫，有时还会投掷粪便来驱赶干扰者。想想这场面，简直是一场“有味道”的灾难。

白翅浮鸥

Chlidonias leucopterus

鸻形目·鸥科 

白翅浮鸥常成群飞行，
并且会不断变化方向。

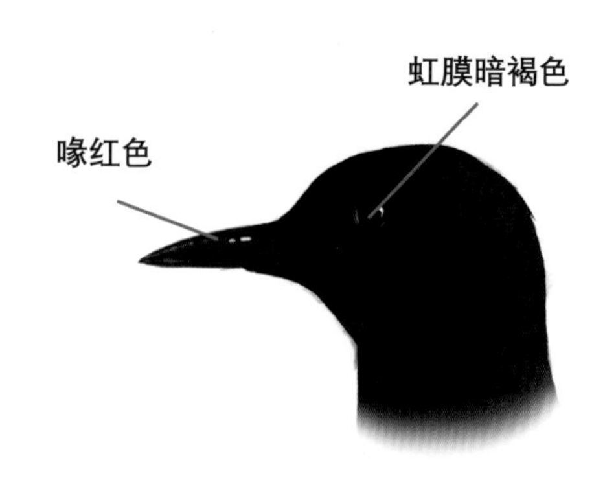

▲ 捕食

形态特征

白翅浮鸥夏羽全身大体呈黑色，尾部为白色，双翅呈银灰色。冬羽额部和颈侧白色，头顶有黑色斑纹，从眼部到耳部有黑色条斑，颏和喉为白色。

繁殖行为

6~8 月份是白翅浮鸥的繁殖期，它们会数十对聚集在一起筑巢、繁殖。它们通常会将巢建在水生植物聚集的地方，它们的巢属于浮巢。

▲ 筑巢

生活习性

白翅浮鸥主要以小鱼和小虾等动物为食，有时也会在地面上捕捉小型的昆虫。

白翅浮鸥常聚集在一起，休息时会站在水中的石头或木桩上。它们常在水面低空飞行，在觅食时也可以通过对双翅的控制使身体悬浮于空中观察猎物，一经发现便立即下冲捕食。

你知道吗？

白翅浮鸥十分聪明，它们会利用集体的力量捕食，配合的十分默契。它们会派出一个“哨兵”侦察敌情并发出信号，如果遇到危险，群鸟便会勇敢迎敌，保护自己的同伴。

白骨顶

Fulica atra

鹤形目 • 秧鸡科 LC

白骨顶的游泳本领很强，十分善于潜水，大部分时间都在水中，常潜入水下取食水草。

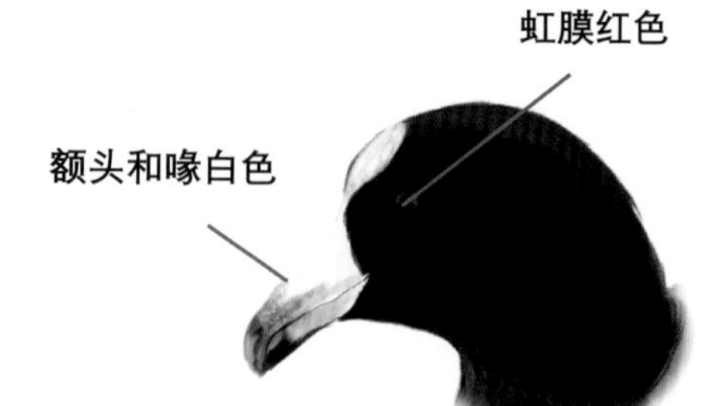

▲ 瓣蹼足

形态特征

白骨顶喜欢在开阔的水面游泳，全身为黑色，在阳光下会散发出蓝紫色的光泽。嘴上方具有白色的额甲，多数尾下覆有白色羽毛，上体有条纹，下体有横纹，趾间有蹼，为瓣蹼足。雌雄相似，雌鸟的额甲较小。

繁殖行为

在鸟类大家族中，幼鸟缺乏保护自己的能力，为了避免被天敌发现，所以羽色都与巢穴颜色相近，而白骨顶的幼鸟完全不同，它们的羽色是非常鲜艳的橘红色。

▲ 育雏

生活习性

▲ 觅食

白骨顶的食物种类多样，主要以小鱼、小虾、水生昆虫、水生植物和浆果等为食。

白骨顶不经常鸣叫，但偶尔会发出“咔咔咔”的短促叫声。它们在遇到危险时，会躲进草丛或用飞行的方式躲避，但飞行时间不长，通常飞一段距离就会落下来。

你知道吗？

根据科学家多年研究发现，白骨顶幼鸟的颜色是根据孵化的顺序决定的。白骨顶妈妈在产卵时就会将胡萝卜素输送到卵中，后产的卵中胡萝卜素最多，所以后孵化的白骨顶幼鸟颜色会更鲜艳。

普通鸬鹚

Phalacrocorax carbo

鲣鸟目 • 鸬鹚科 

普通鸬鹚是大型水鸟，体长有1米左右，在飞行时头、颈和脚呈一条直线。当水里的小鱼看到如此之大的普通鸬鹚倒影也会被吓到。

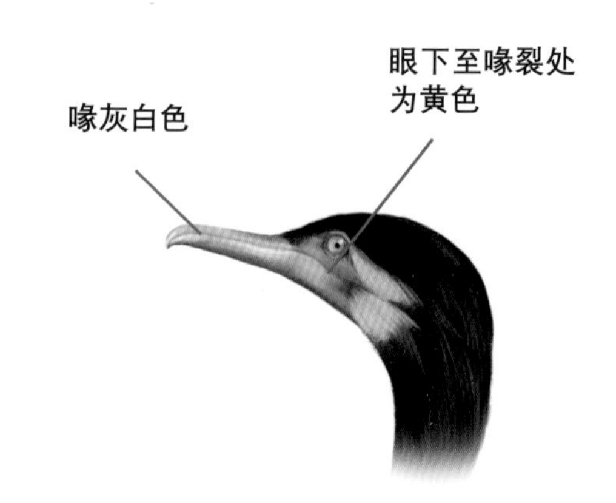

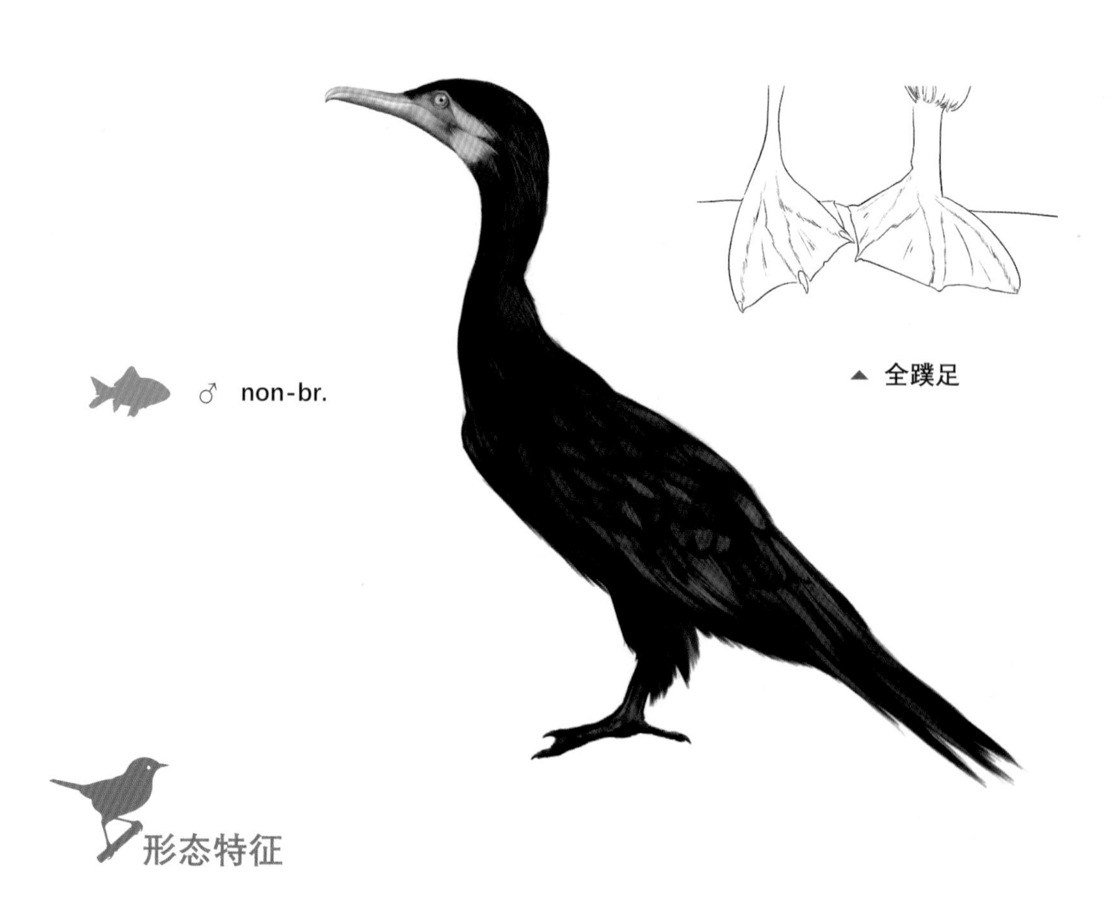

形态特征

普通鸬鹚脖子较长，冬羽全身黑色具有金属光泽。夏羽与冬羽相似，但头颈部有白色丝状羽毛。它们的嘴长且具有锐钩，可以轻松啄鱼；四肢也较为发达，且趾间均有蹼连接，这样的足被称为全蹼足。

繁殖行为

普通鸬鹚的雏鸟为晚成鸟，由雌雄共同哺育。刚出生时全身裸露无毛，孵出 14 天左右长出绒羽，60 天左右它们才能飞行并独立离开巢穴。

分布图

夏候鸟

▲ 晾晒羽毛

生活习性

br.

普通鸬鹚喜欢吃各种鱼类。它们依靠潜水捕鱼，在捕鱼时会偷偷靠近猎物的身边，然后利用自己的长脖子便可以一击即中，捕到猎物后会浮出水面再进食。大部分水鸟尾脂腺发达，分泌的油脂使它们的羽毛防水性极高，而普通鸬鹚的羽毛上没有厚厚的油脂，所以防水性较差。每次捕鱼后，普通鸬鹚都要飞到有阳光的地方梳理自己的羽毛，等到晾干后才会返回水中。

你知道吗？

普通鸬鹚经常集群活动，合作捕食、一起筑巢。它们有将旧的巢穴进行修缮之后再接着使用的习惯，所以普通鸬鹚也被称为“勤俭持家”的鸟儿。

卷羽鹈鹕

Pelecanus crispus

鹈形目 · 鹈鹕科 NT

卷羽鹈鹕的体长约 1.6~1.8 米，翅展可达 3 米左右，属于家族中体型较大的一类。

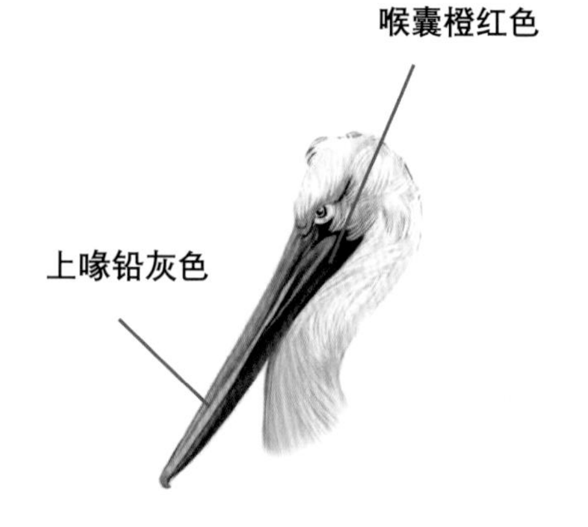

▲ 张开的喉囊

形态特征

卷羽鹈鹕全身呈灰白色，头上的冠羽呈卷曲状，眼部周围裸露的皮肤为肉色或乳黄色。宽大的喙呈铅灰色，长而尖，下颌上有着橙红色的可伸缩喉囊，四趾之间均有蹼。

繁殖行为

鹈鹕是由爸爸妈妈共同哺育，当鹈鹕宝宝长大一些，父母会带回食物，小鹈鹕便将头伸入喉囊之中食用。

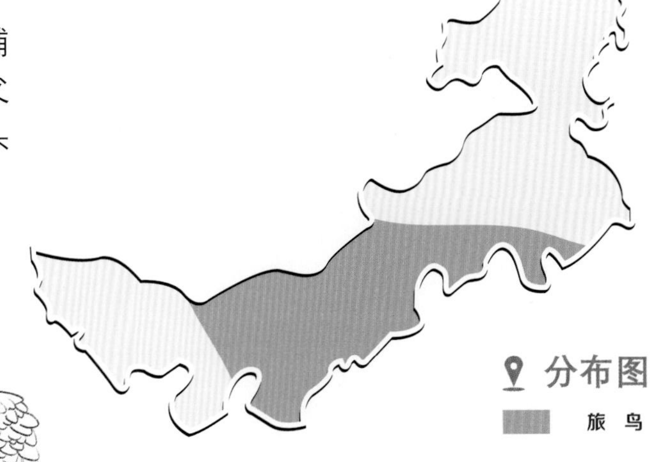

▲ 育雏

生活习性

卷羽鹈鹕有着超大的嘴，可谓是“干饭人”实锤。它们虽然会捉鱼，但是潜水能力差，因此一般只会在浅水区觅食。它们会利用自己网兜般的大嘴将食物都“舀”进嘴中，最后再将水慢慢挤出。偶然到了深海区，它们会去“蹭饭”吃，许多善于潜水的鸟类在潜水捕食时，会惊扰到附近的鱼群，鱼群四处逃窜，当鱼群跑到水上层，卷羽鹈鹕就可以饱餐一顿啦。

▲ 觅食

你知道吗？

为了保证呼吸的畅通，鹈鹕也会有清洁喉囊的行为，它们会用脖子将喉囊从下方顶出，这时会露出颈骨的样子，看起来十分奇特。

涉禽善于涉水行走。它们一般具有“三长”，即嘴长、脚长和脖子长。休息时常一只脚站立，另一只脚缩进羽毛中保暖。涉禽通常生活在水域附近，但它们并不善于游泳。

内蒙古常见鸟类
手绘图鉴

水域之子

涉禽篇

白胸苦恶鸟

Amaurornis phoenicurus

鹤形目 • 秧鸡科 LC

白胸苦恶鸟在繁殖期会成对生活，只要模仿它们的叫声，它们就一定会进入“圈套”，这一行为着实是“不太聪明”。

▲ 躲藏

特征概述

白胸苦恶鸟有一个鸟类中很少见的行为——冬眠。它们在秋天会更加频繁的觅食，直到完成能量的补充。等到冬天，它们便会寻找适合自己的洞穴，开始冬眠。等到寒冬过去，它们也逐渐苏醒，刚苏醒过来的白胸苦恶鸟身体机能较差，不过待它们觅食一周后便会恢复如初。

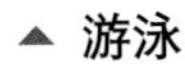

▲ 游泳

分布图

夏候鸟

形态特征

白胸苦恶鸟上体呈石板灰色，两颊、喉部至胸腹都为白色，与背部黑白分明，下体与尾部覆羽为栗红色。雌雄十分相似，但雌鸟体型略小，背部是石板灰色带有橄榄褐色，微微有绿色光泽。

▲ 觅食

生活习性

白胸苦恶鸟翅膀短圆，飞行能力不强。它们喜欢到处奔走，动作十分像小型鸵鸟。它们也具有游泳技能，遇到危险时就会迅速潜走。

你知道吗？

白胸苦恶鸟的名字源于它们的声音，在繁殖期时白胸苦恶鸟经常会发出“kue-kue”的叫声，听起来像“苦恶、苦恶”，所以被人们称为白胸苦恶鸟。

黑水鸡

Gallinula chloropus

鹤形目・秧鸡科 LC

黑水鸡是一种奇特的水鸟，说它们长得像鸡，却可以游泳；长得像鸭子，嘴却是尖的。

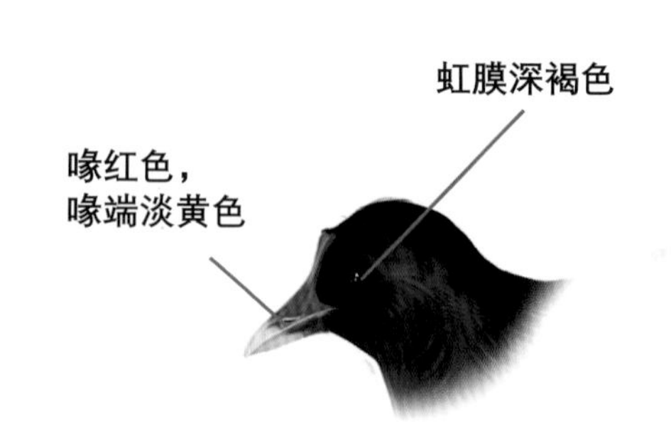

▲ 觅食

形态特征

黑水鸡雌雄相似，背部呈橄榄褐色，喙与额头的骨头相连形成红色额甲；头侧棕黄色，喉和腹呈灰白色，两边翅膀下有较宽的白色条纹，脚的上部有一红色环带。

繁殖行为

黑水鸡通常在茂盛的芦苇丛或草丛附近筑巢，巢十分隐蔽。虽然紧紧贴着水面，但并不是浮巢，而是利用贴着水面的芦苇作为巢的“地基”。

分布图

夏候鸟

▲ 飞行

生活习性

行走 ▶

黑水鸡主要以水生植物的根、茎和叶为食，有时也会吃水生昆虫、蜘蛛和软体动物等。

黑水鸡主要在白天活动与觅食，善游泳和潜水，遇到危险就会立即潜入水中或飞走。不过它们并不善于飞翔，起飞前需要助跑很长一段距离才可以飞起，因此它们只有在情况十分危急时才会起飞。

你知道吗？

黑水鸡的环境适应能力极强，几乎遍布世界各地。它们的名字多以地理位置命名，例如黑水鸡巴西亚种、黑水鸡美国亚种、黑水鸡夏威夷亚种、黑水鸡非洲亚种、黑水鸡南亚亚种等。

白鹤

Grus leucogeranus

鹤形目・鹤科 

白鹤幼鸟的攻击性很强，它们会攻击同窝中相对较弱的鸟，因此那些较弱的鸟很有可能在飞羽长出之前就死亡。

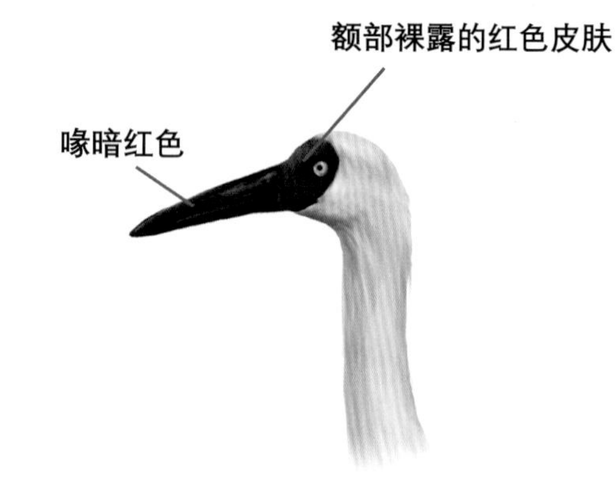

▲ 飞行

形态特征

白鹤的前额裸露呈鲜红色，没有羽毛覆盖。它们全身洁白，在那镰刀状的白色羽毛之下，还藏有仅在飞翔时才能见到的黑色初级飞羽。

繁殖行为

白鹤产卵后由雌雄共同孵卵，但孵化率不高，3个卵中可能仅有一个孵化成功。

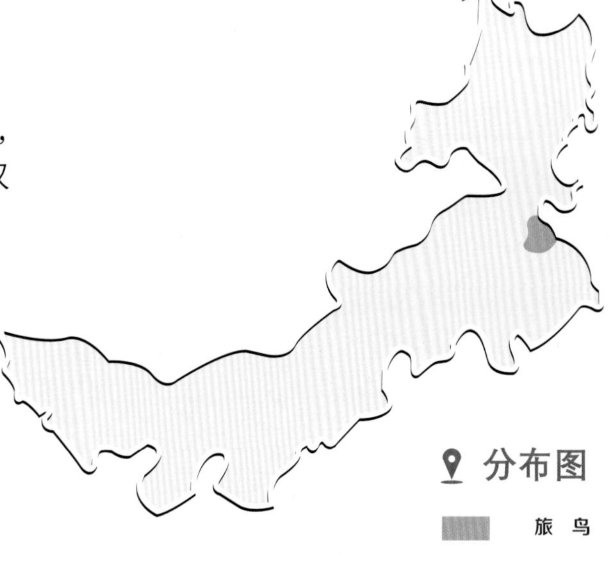

▲ 孵卵

分布图

旅鸟

生活习性

白鹤主要以水生植物或其他植物的茎和根为食，偶尔也会吃少量软体动物与昆虫。

白鹤喜欢在较大面积的水域栖息，在植物茂盛的地方觅食。觅食时，白鹤会将头和嘴伸入水下，每次觅食的时间不会很长，约20分钟。

白鹤在迁徙时常常会结成较大的群体，它们越冬时的迁徙距离可以达到5000多米，是一群气场强大的“旅行家”。

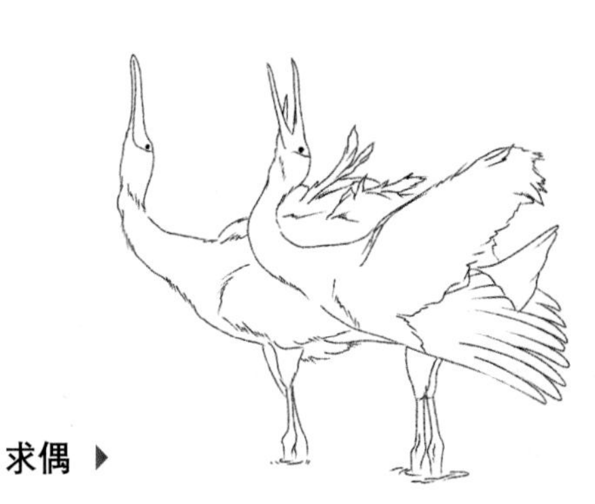

求偶 ▶

你知道吗？

截至目前，全球白鹤的数量不超过4000只，属于极其濒危的物种。据研究，它们在地球上已经生活了6000万年，因此被人们称为“活化石”。

白枕鹤

Grus vipio

鹤形目 • 鹤科 VU

白枕鹤又叫红面鹤，
是一种大型涉禽。

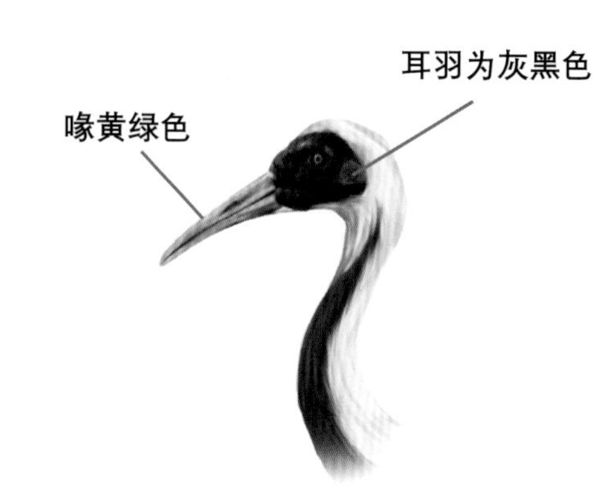

形态特征

白枕鹤前额、眼睛周围皮肤裸露的部分均是红色，上面还有稀疏的黑色绒毛；全身基本为蓝灰色，耳羽为灰黑色，尾羽暗灰色，因头顶后、颈后至喉部均是白色而得名白枕鹤。

生活习性

白枕鹤主要以植物的嫩叶、嫩芽、谷粒或小鱼、蛙和软体动物等为食。白枕鹤除了在繁殖期时成对生活，其他时期会跟随家族生活。

分布图

夏候鸟

旅 鸟

▲ 成对生活

◀ 觅食

繁殖行为

白枕鹤的领地意识极强，建好巢穴后会在巢穴的区域内采取鸣叫和巡视的方式警告其他鸟类不要靠近。孵卵的工作一般会由雌鸟和雄鸟交替进行，一只负责孵卵，另一只负责觅食警戒。为了让鸟蛋能均匀受热，白枕鹤每隔一段时间就会“翻蛋”。白枕鹤雏鸟为早成鸟，在孵化当天便可以站立行走。

你知道吗？

白枕鹤十分机警，如果被其他动物惊扰，它们会悄悄地从巢穴中出来，走到距离巢穴约50米的位置起飞，让人无法摸清巢穴的位置。

蓑羽鹤

Grus virgo

鹤形目·鹤科 LC

蓑羽鹤的体形纤瘦，胆小机警，像是古时的大家闺秀，所以又被人们称为“闺秀鹤”。

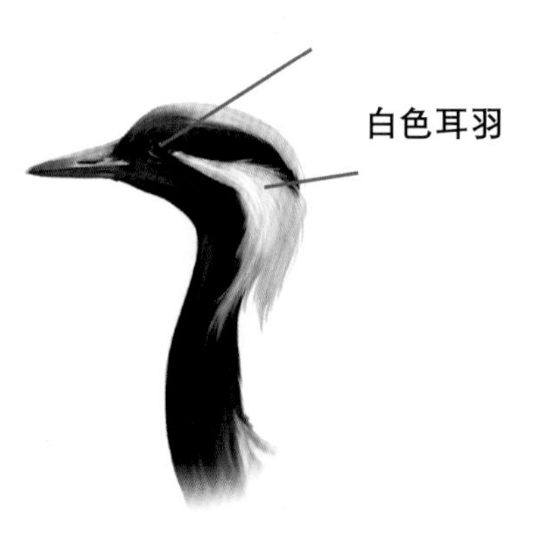

▲ 飞行

形态特征

蓑羽鹤体型较小，全身蓝灰色。头、颈前侧为黑色，有长长的黑色蓑羽；头顶呈浅灰色，眼后延伸至耳形成束状耳羽，十分飘逸，像是“白眉大侠”。

生活习性

蓑羽鹤主要以小鱼、小虾、蛙、水生昆虫为食，偶尔也食植物的叶或农作物。

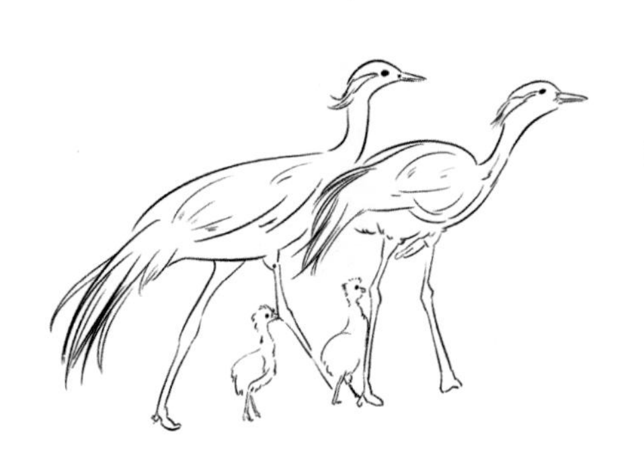

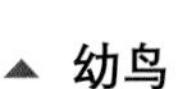

▲ 幼鸟

分布图

夏候鸟

繁殖行为

"金鸡独立" ▶

在温暖的季节，蓑羽鹤常单独行动，并有着特别的休息姿态——"金鸡独立"。它们通常不筑巢，会直接将卵产到芦苇或草地上。幼鸟出生后不久便可以站立，父母很快就会带它们外出觅食。

蓑羽鹤十分专情，属于一夫一妻制。平常它们生活在不同的种群中，而到了繁殖期，它们便会去寻找自己的伴侣。

你知道吗？

虽然蓑羽鹤的体型瘦小，但它们却是为数不多可以飞过喜马拉雅山的鸟类之一。每年秋天，蓑羽鹤都要冒着寒冷飞过喜马拉雅山到印度过冬。

丹顶鹤

Grus japonensis

鹤形目 · 鹤科 

鹤在中国历史中有着诸多的文化寓意，在清代的一品文官的官服上绣的就是丹顶鹤。

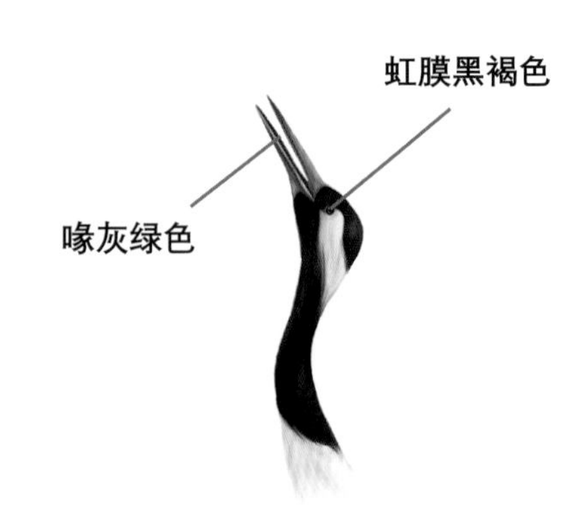

▲ 嬉戏

特征概述

成年丹顶鹤的头顶部呈红色，但它们的头顶都是后天形成。在它们小时候，头顶上有黄色的绒毛，而长大后，头顶的绒毛逐渐脱落，变成了“小秃子”，头顶上长出一个充满毛细血管的小肉瘤，在它们开心或愤怒时会变得十分鲜红。

形态特征

丹顶鹤全身洁白，头顶为红色没有羽毛，额头、眼周与颈部有黑色羽毛，次级飞羽和三级飞羽为黑色。丹顶鹤在站立时，人们常将飞羽错认为是丹顶鹤的尾巴，但其实丹顶鹤的尾羽是白色的。

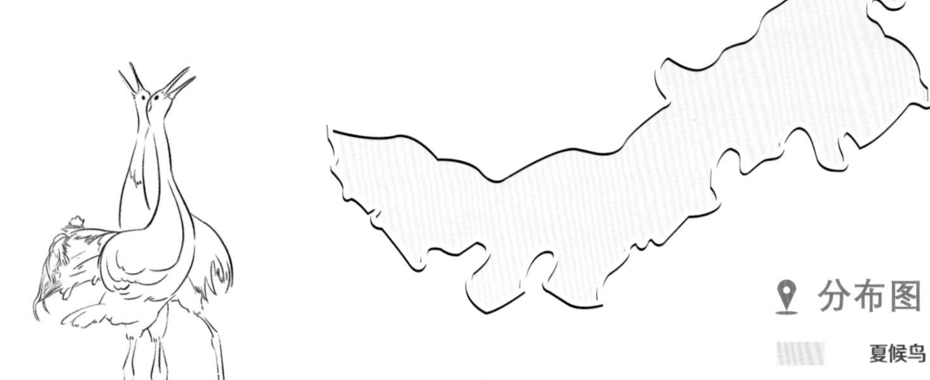

鸣叫 ▶

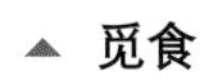

▲ 觅食

生活习性

丹顶鹤的鸣叫声十分高亢，根据环境、性别和年龄的不同，声音也有所差异。在破晓前，只要有一只丹顶鹤率先鸣叫，后面就像接力一样相互呼应鸣叫。

你知道吗？

寿命最长的鸟类你知道是谁吗？

人们常把丹顶鹤与松树放到一起用来祝福长辈长寿，“鹤寿松龄”就是最常听到的祝颂，而这里的“鹤”指的就是丹顶鹤啦。丹顶鹤的寿命一般在30~40岁，最长可达75岁，在鸟类中是非常长寿的。

灰鹤

Grus grus

鹤形目 • 鹤科 LC

灰鹤主要以植物为食，不过它们也会根据环境的不同，也会吃一些昆虫、蛇和鼠等小动物。

 ♂

特征概述

大部分鸟类在飞行时双腿会向后伸直，当然也会有特殊情况。灰鹤的飞行姿态十分的独特，它们在飞行时会出现“盘腿”行为。

腿和脚在鸟类体温调节中有非常重要的作用，灰鹤的腿较长，散发的热量也更多，所以在天气寒冷需要长时间飞行的时候，便会将腿与脚收回到腹部，防止在冷空气中身体的温度持续下降。

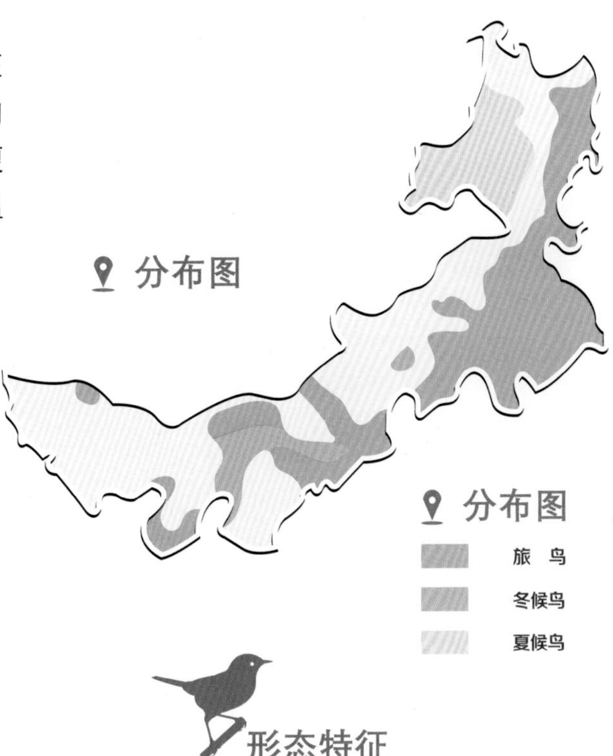

▲ 成对活动

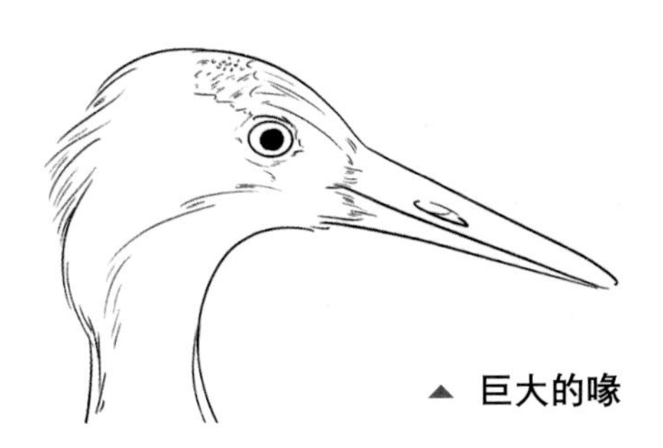

▲ 巨大的喙

形态特征

灰鹤雌雄相似，全身灰色，头上有黑色的短羽，头顶有红色的裸露部分，眼后到后颈为白色。灰鹤与丹顶鹤不仅外表长得像，而且灰鹤头顶的红色也不是先天的，最初它们的头顶是黑色的，等到长大才变成了红色。

你知道吗？

鹤都有着巨大的喙，这个特点为鹤带来很多烦恼。科学家在研究中发现，鹤在飞行时有着巨大的盲区，而盲区的制造者就是巨大的喙，尤其是年幼的鹤，经常在觅食时急于采集食物而受伤。

生活习性

灰鹤喜欢小群活动，在觅食时会有一只灰鹤负责警戒。它们的叫声高亢，飞行时会发出响亮的“karr”声。

凤头麦鸡

Vanellus vanellus

鸻形目 · 鸻科 NT

凤头麦鸡主要以昆虫为食，也会吃虾和蚯蚓等小型无脊椎动物，偶尔也会吃植物的种子与嫩叶。

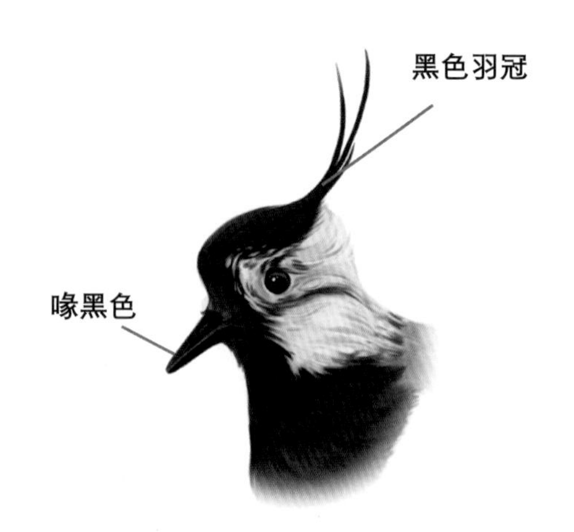

特征概述

成年凤头麦鸡的身长最长不超过30厘米，可它们却是“鸟中吃货”。它们不仅会吃一些小型昆虫，还会直接吞食蛙类等小型动物，而且它们的食性会根据生活环境的不同而变化，在肠胃允许的情况下，几乎没有它们不吃的东西，真是无愧于它们“鸟中吃货”的称号。

形态特征

凤头麦鸡雄鸟的夏羽头顶黑褐色，头上有长长的黑色羽冠，像极了天线宝宝；眼周黑色，背部有暗绿色金属光泽；飞羽为黑色，胸部有黑色“领带式”横带。雌鸟与雄鸟相似，但羽冠较短，冬羽头为淡黑色，翅膀边缘皮黄色。

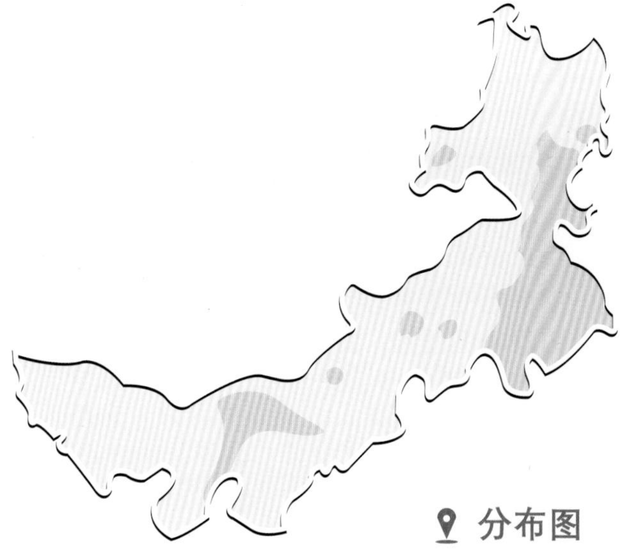

分布图

夏候鸟

▲ 巢穴

觅食 ▶

繁殖行为

在繁殖期时，凤头麦鸡会集群筑巢，巢穴十分简陋，它们通常将地上的泥巴制成凹坑后便大功告成。

你知道吗？

凤头麦鸡虽善于飞行，但飞行速度并不快，飞行高度也不高，常在空中上下翻飞。如果鸟类也有交通规则，那凤头麦鸡一定会是第一个被罚款的鸟儿。

灰头麦鸡

Vanellus cinereus

鸻形目·鸻科 LC

灰头麦鸡主要以蝗虫和甲虫等昆虫为食，也会吃蚯蚓或软体动物，偶尔还会食用植物的种子与叶。

▲ 鸣叫

形态特征

灰头麦鸡的夏羽全身呈灰褐色，头和颈为灰色，翅上飞羽为淡褐色且具有金属光泽，胸部呈灰褐色，有黑色横带，眼前的肉垂黄色。冬羽颈部为褐色，胸部的黑色横带不明显。

生活习性

灰头麦鸡是麦鸡家族中体型最大的，它们的领地意识很强，当人靠近时，会不断发出警告的叫声，如果你无视它们的警告，它们便会开始向你投射“武器”——它们的排泄物。

分布图

夏候鸟

飞行

繁殖行为

灰头麦鸡刚孵出的宝宝全身毛茸茸的，像一个小绒球。灰头麦鸡是早成鸟，从小便十分独立，当灰头麦鸡宝宝外出觅食时，父母会远远地站在高处观察着灰头麦鸡宝宝周围的环境，一旦发现危险，它们会立即飞出，在空中不断地鸣叫，发出警戒的信号，灰头麦鸡宝宝听到声音后会迅速躲到草丛中一动不动，用装死来躲避危险。

觅食

你知道吗？

灰头麦鸡虽然以鸡为名，但它们却是实实在在的水鸟。灰头麦鸡的体型比家鸡体型小一些，腿也长很多。但有一点与鸡相同，它们都会利用装死来躲避危险。

金鸻

Pluvialis fulva

鸻形目 • 鸻科

金鸻喜欢栖息在沿海地区，它们常聚成小群生活。

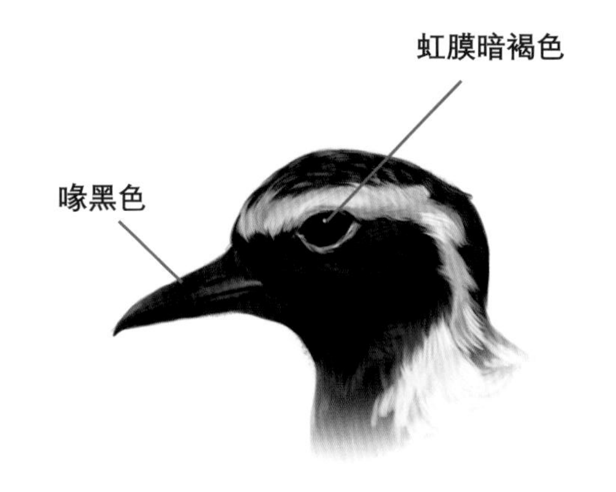

▲ 群体活动

形态特征

金鸻也叫做金斑鸻，上体布满了褐色、金色与白色的斑纹，胸部有灰黄色的斑纹。到了繁殖期时，金鸻的额部有白色条纹经眉部延伸到身体两侧，后背为黑褐色且布满了金色斑纹，胸腹部皆为黑色，与非繁殖期时的羽色截然不同。

繁殖行为

金鸻的繁殖期通常在6~7月，它们的巢穴十分简陋，多在苔原地或小山坡上的浅坑中。小宝宝由雌雄金鸻共同孵卵，金鸻妈妈一般在白天照顾幼仔，而金鸻爸爸在夜晚。

◀ 鸣叫

生活习性

金鸻主要以鞘翅目和鳞翅目的昆虫为食，有时也会吃甲壳类动物。

金鸻十分胆小，一旦有人靠近，便立即起飞，飞行速度极快，在活动时也十分小心谨慎，会不断观察四周。它们的叫声十分有趣，是有点突然的快速鸣叫，有时声音非常像“yi-wei,yi-wei”。

你知道吗？

金鸻是鸟类家族中的“长途旅行家”。平时体重在100克左右的金鸻，在迁徙前会为了储存能量会增重到200克。它们能够在9天左右的时间里不间断地飞行，创造了长时间不停飞的记录。

灰鸻

Pluvialis squatarola

鸻形目 • 鸻科 

灰鸻在飞行时，
翼下黑色十分明显。

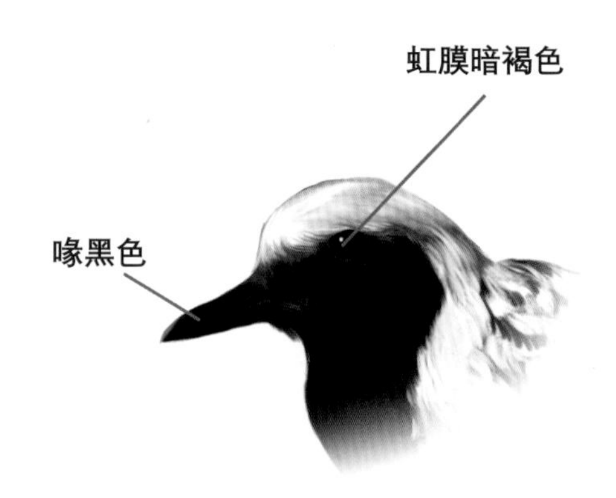

特征概述

灰鸻作为体形强壮的鸻，厚厚的喙十分有力，可以将喙插入泥土中，将里面的沙虫“揪”出来，它们的视力很好，在夜间也可以轻松觅食。

灰鸻飞行能力强，可以在强风中飞行，非常有利于迁徙。它们十分有耐力，能够连续飞行3000千米。在迁徙时，灰鸻主要沿着海岸迁徙，仿佛在进行着“环球旅行”。

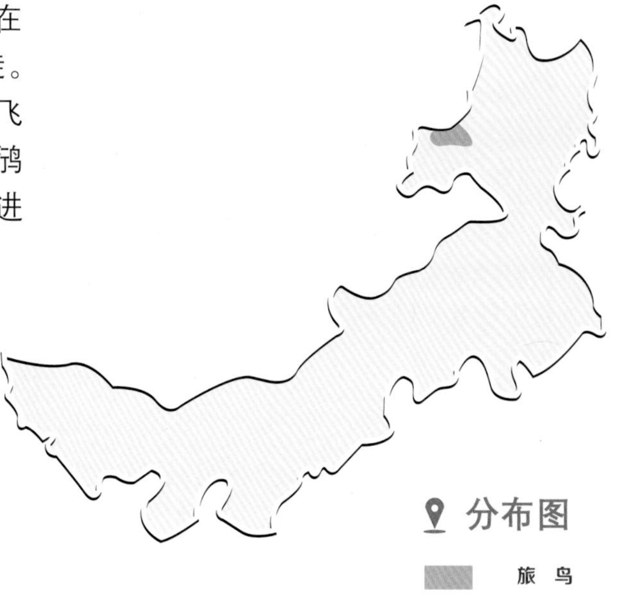

分布图

旅鸟

飞行

形态特征

灰鸻也叫做灰斑鸻，额为白色或灰白色，头顶和背部呈淡黑褐色，两翅黑褐色具有暗色羽干纹，胸部具有灰褐色斑纹。在繁殖期，灰鸻头顶偏白色具有斑纹，脸两颊、颈部和胸部变成黑色。

生活习性

灰鸻主要以昆虫或小鱼、小虾和蟹等动物为食

灰鸻在觅食时有着自己独特的觅食节奏，追赶猎物——停顿——搜索食物——觅食成功。

你知道吗?

灰鸻与金鸻的区别是什么?

灰鸻与金鸻除了背部的羽色差异，其他十分相似，在远处很难区分出它们。它们直观的区别就是灰鸻翼下有十分明显的黑色而金鸻没有。

金眶鸻

Charadrius dubius

鸻形目 • 鸻科 

金眶鸻宝宝一出生就可以行走，会跟随着父母找虫吃。

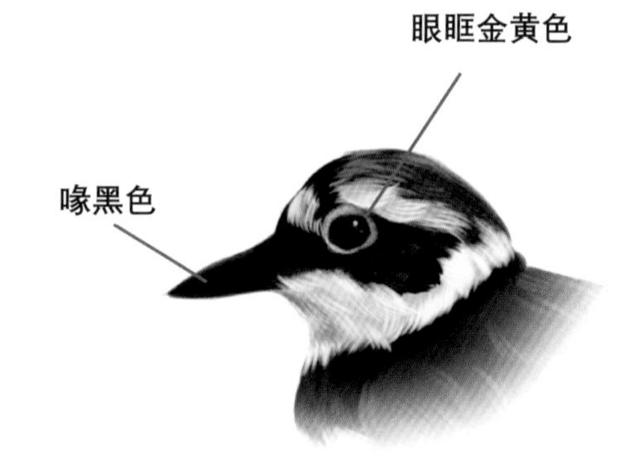

形态特征

金眶鸻属于小型涉禽，夏羽前额呈白色，头顶前部为黑色，后部为灰褐色，眼周至耳后为黑色，颈部有“领带”般的黑色环带。冬羽额头为棕白色，头顶的黑色全部变为褐色，眼周至耳后以及胸部环带为暗褐色。

繁殖行为

金眶鸻十分聪明，是鸻类中最擅用“计策”的鸟。它们的羽色与环境相近，当遇到危险时金框鸻便会趴在原地与环境融为一体，因此很难被发现。

▲ 觅食

生活习性

金眶鸻喜欢吃蜘蛛、甲壳类与各种昆虫，偶尔也会吃植物的种子。

金眶鸻行走的速度很快，经常会边走边捕食猎物，还会发出非常微弱的叫声。金眶鸻有着自己独有的特征，那便是戴着“金丝边的眼镜”，系着“黑色领带”，像个小绅士。

你知道吗？

金眶鸻是依靠视觉觅食的鸟类，通常看到食物就会快速跑去觅食，但是在觅食时它们会不停地抖腿像是在跳踢踏舞。其实这样做的目的也是为了觅食，因为它们在抖腿的时候会把藏在泥土中的小虫子拍出来。

环颈鸻

Charadrius alexandrinus

鸻形目 • 鸻科 LC

环颈鸻 的雌鸟与雄鸟都拥有着属于它们的另一面——繁殖羽和非繁殖羽。

特征概述

听到环颈鸻的名字就可以猜出它们的颈部有着环形斑纹，但它们颈部的环形斑纹并不完整，在胸部位置是断开的，所以有了“环颈鸻颈不环”的说法。

形态特征

环颈鸻雄鸟繁殖羽额白色，头顶有黑色斑纹，眼先有黑色条纹，背部灰褐色，颈部有黑色颈环。雌鸟繁殖羽与雄鸟相似，黑色的部分被灰褐色或褐色代替。

分布图

夏候鸟

▲ 觅食

雌鸟与雄鸟的非繁殖羽相似，同雌鸟的非繁殖羽相比，雄鸟头部缺少黑色与棕色，胸侧的斑纹为浅灰褐色。

♀ br.

繁殖行为

环颈鸻在 4 月便开始筑巢，通常建在沙滩上或长有茂盛杂草的地方。雄鸟会与雌鸟共同孵卵，通常雄鸟在夜间，雌鸟在白天，在孵卵期雄鸟的体重会下降许多。

你知道吗？

环颈鸻的卵与鹌鹑蛋的大小相似，在黄褐色的蛋壳上面有黑色的斑纹，这完美地与地面的颜色融为一体，极大程度起到了保护宝宝的作用。

生活习性

环颈鸻的食性很杂，喜欢吃昆虫、甲壳类和软体动物，也会吃一些植物的种子。

长嘴剑鸻

Charadrius placidus

鸻形目 • 鸻科 

长嘴剑鸻和金框鸻长得十分相似，所以被称为金框鸻的亲兄弟。

▲ 觅食

特征概述

长嘴剑鸻与金眶鸻明显的不同在于：长嘴剑鸻的金色眼眶较细，不明显，且翼上有白色横纹；而金眶鸻的金色眼眶十分明显，且翼上无白色横纹。

形态特征

长嘴剑鸻在繁殖期全身呈灰褐色，前额为白色，头顶上有黑色斑纹，经过眼部一直延伸到耳羽；眼睑为黄色，颈部有领带一样的黑色环纹。在非繁殖期时，长嘴剑鸻的羽色会变暗，身体的黑色部分全部变为灰褐色。

分布图

夏候鸟

▲ 飞行

生活习性

长嘴剑鸻主要以蚊蝇、蚂蚁和象甲等昆虫及其幼虫为食。偶尔也会吃也吃蚯蚓和蜘蛛等其他小型无脊椎动物以及植物的嫩芽和种子。

长嘴剑鸻喜欢小群体活动，它们会在浅水区边走边觅食，常常走或跑几步便会停下观察周围环境，如果感受到了危险便会立即飞走。到了5月份，它们直接在平地上营巢，也不用任何物品做铺垫。

你知道吗？

在鸻类的胸部都有一条胸带，它们有着帮助鸻类隐身的作用。胸带与身上的斑块将身体分成了好几部分，使天敌从远处看上去并不认为它们是鸟的样子，从而达到隐身的效果，这样的隐身方法叫做“破坏轮廓”。

铁嘴沙鸻

Charadrius leschenaultii

鸻形目 • 鸻科 

铁嘴沙鸻和家族中的大部分成员一样，有着圆圆的脑袋和大大的眼睛。

▲ 觅食

特征概述

铁嘴沙鸻有着细长的翅膀，长长的翅膀虽然会有些影响飞行时的灵活性，但会在加快飞行速度的同时，减少能量的消耗。为了长距离的迁徙，它们也做足了准备，会储存足够的脂肪，锻炼自己强健的肌肉。铁嘴沙鸻主要以昆虫和甲壳类动物为食。

形态特征

铁嘴沙鸻全身为灰褐色，尾羽为暗褐色。在繁殖期时它们会换上颜色鲜艳的夏羽：雄鸟的夏羽眼先与头的前部呈黑色并一直延伸到头的两侧，在胸部有栗棕色的胸带；雌鸟夏羽胸部的胸带为较淡的栗棕色，胸带有时并不完整，会从中间断开。

分布图

夏候鸟

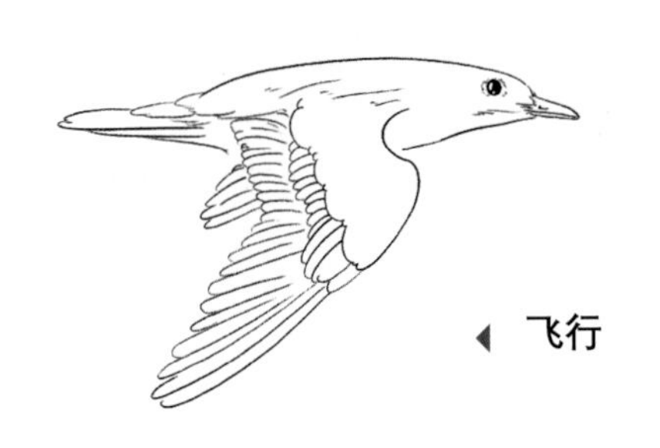

飞行

non-br.

繁殖行为

每年的 4 月份，铁嘴沙鸻便开始筑巢，通常会选择在距离水源较近的浅坑处。它们也非常喜欢装饰自己的巢穴，会收集一些贝壳、卵石或细枝叶铺垫在巢穴的四周。

你知道吗？

铁嘴沙鸻通常会好几只在一起生活，喜欢在水边沙滩或泥泞地上觅食，但有时也会在荒漠环境中出现。它们在觅食时十分警惕，会一边觅食，一边观察周围的环境。

红胸鸻

Charadrius asiaticus

鸻形目 • 鸻科 

红胸鸻以甲壳类或各种昆虫为食物，偶尔也会吃植物的种子。

特征概述

红胸鸻在弱光中拥有良好的视觉，因此可以在夜间觅食。人们猜测，良好的视觉与它们眼睛内特有的感官细胞有关。在它们的视网膜上有比其他鸟类更加丰富的视杆细胞，并且它们的视野可以达到其他鸟类的两倍，视觉十分发达。

形态特征

红胸鸻的头部为白色，身体呈灰褐色，有灰褐色带有斑纹的胸带。到了繁殖期，它们便换上了鲜艳的衣服，雄鸟脸颊呈白色，胸部有栗红色的宽带，胸带下有黑色的斑纹；雌鸟胸带下没有黑线纹，胸带灰褐色。

▲ 觅食

繁殖行为

红胸鸻是一夫一妻制。在繁殖期，红胸鸻会把地面上的浅坑当作巢，巢中铺满了植物的碎片。

生活习性

红胸鸻喜欢在水边沙滩或沙地上觅食，行走时速度极快，一般走一段路就需要停一下，然后再继续觅食。

你知道吗？

鸻类的迁徙对于繁殖与生存十分重要。在高纬度地区，夏季的时间很短，所以鸻类需要严格把控补充能量的时间、飞行时间与繁殖的时间。

东方鸻

Charadrius veredus

鸻形目 • 鸻科 LC

在繁殖期，东方鸻父母会外出觅食，巢穴中无人看守。

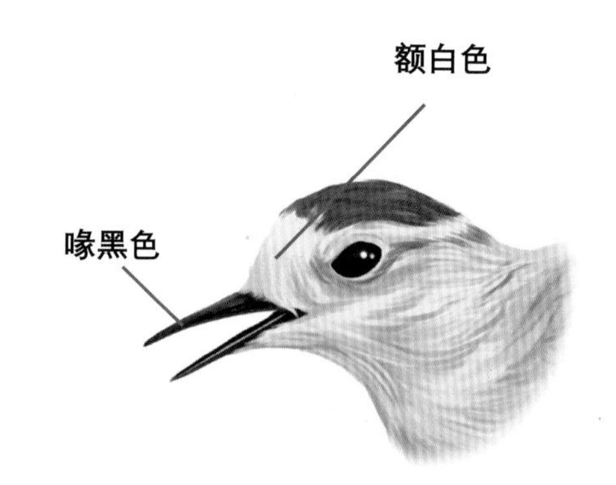

▲ 活动

形态特征

东方鸻全身呈灰褐色，胸和腹部都是白色，有条不完整的胸带为黄褐色。在繁殖期时，额与脸颊变成白色，头顶为灰褐色，胸部为橙黄色，有一条十分明显的黑色环带，腋羽为褐色。

繁殖行为

东方鸻繁殖期在4~5月，它们通常会将巢穴建筑在牛蹄凹印中，收集一些植物的碎片铺垫在巢中，虽然简陋但十分温馨。

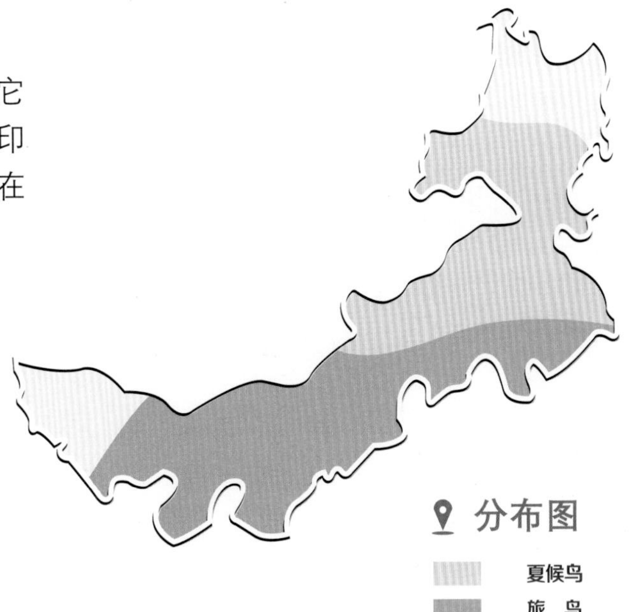

▲ 觅食

生活习性

东方鸻主要以蜘蛛、昆虫及其幼虫、蚯蚓和幼虫等小动物为食，它们还会在马粪中寻找虫子的身影。

东方鸻多在浅水区或靠近水边的沙滩上活动，它们会来回奔跑觅食，奔跑速度很快。在休息时也会将一只脚微微抬起或弯曲，仅仅用一只脚站立。

你知道吗？

对于一些鸻类来说，不同的物种会选择不同的迁徙路线，而且不同性别的鸟类也会选择不同的越冬地区。

孤沙锥

Gallinago solitaria

鸻形目 · 鹬科 LC

孤沙锥是沙锥家族中体型最大的鸟类。

▲ 觅食

形态特征

孤沙锥头顶呈黑褐色，上面有淡栗色的斑纹，从嘴基到眼部有一条黑褐色的斑纹；全身为黑褐色，布满了白色与栗色的斑纹，胸部上侧栗褐色，下侧有淡色横斑。它们的嘴长而直，像是根小筷子。

繁殖行为

孤沙锥的繁殖期为 5~7 月，通常会将巢穴建在水边的草地或沼泽地上，虽然十分简陋，但隐蔽性很好。

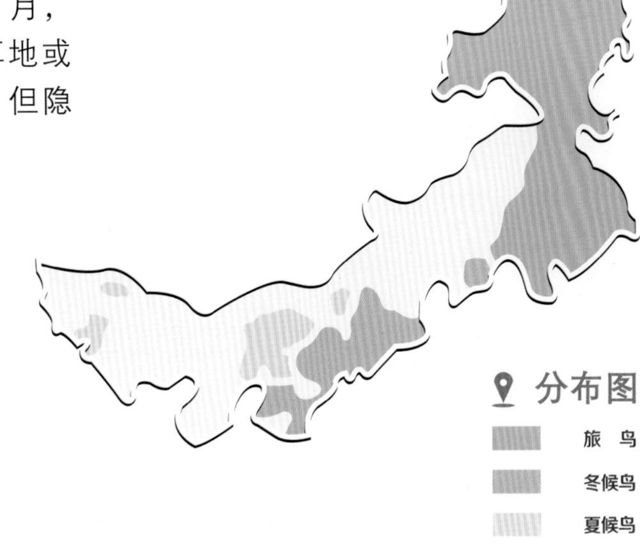

▲ 张望

生活习性

孤沙锥会将长长的嘴伸入软泥中探测食物的存在并确定食物的位置。孤沙锥主要以甲壳类、昆虫及其幼虫为食，偶尔也会吃植物的种子。

它们通常喜欢单独行动，不与其他鸟类混群生活。当它们感受到危险时，会直接伏在地上隐藏自己，危急时刻也会起飞逃亡。但是孤沙锥飞行缓慢而笨拙，常常飞不了多远就会急速落下。

▲ 隐藏

你知道吗？

孤沙锥在繁殖初期时，雄鸟时常在空中飞行，一会儿上升，一会儿在空中形成小圈，飞到一定高度后便开始分段式下落，如此反复，仿佛在表演一段优美的舞蹈。

针尾沙锥

Gallinago stenura

鸻形目 • 鹬科 LC

针尾沙锥通常在早晨与黄昏活动觅食，性情十分机警。

形态特征

针尾沙锥体型小，嘴相对较短，由嘴基开始经眼先有一黑色贯眼纹，上体褐色，胸部为黄褐色并有纵纹，下体污白色，腋羽和翅下为白色，布满黑褐色斑纹，最外侧尾羽其实是形状像针一样的羽轴。

繁殖行为

针尾沙锥一般会在沼泽地或岸边的土丘上筑巢，利用地上的浅坑或自己刨一个小坑，里面铺垫枯草与落叶，十分简陋。

▲ 飞行

生活习性

▲ 栖息

针尾沙锥主要以昆虫及其幼虫或小型无脊椎动物为食，偶尔也会食用植物的种子等。

针尾沙锥捕食完后会快步走到其他隐蔽的位置继续觅食。遇到危险时，针尾沙锥也会利用自己的羽色躲避危险或迅速飞出。针尾沙锥飞行的速度极快，但飞行的距离并不远，常常飞行十几米便落下。

你知道吗?

在飞行中，可以看到针尾沙锥的翅膀下密布着W形状的黑色斑纹，脚向后伸，会超出尾部。

大沙锥

Gallinago megala

鸻形目 • 鹬科 LC

大沙锥是名副其实的“马拉松选手”，可以在 3 天内从瑞典迁徙到中非，期间不需要停下来进食或休息。

▲ 觅食

形态特征

大沙锥的外形与针尾沙锥很像，但体型比针尾沙锥大一些。大沙锥上身多为黑褐色，布满了棕白色与红棕色的斑纹，腹部白色，两侧有黑褐色横斑。它们在站立时，尾巴远远超出翅尖，飞行时脚微微伸出尾羽后方。

繁殖行为

大沙锥通常在清晨与黄昏活动，白天多数躲在草丛间。在5~7月繁殖期，雄鸟们便会在空中进行飞行表演。大沙锥通常主要将巢穴建在草丛和灌木下的干燥土地上，利用浅坑，再放入收集的枯叶便完成了。

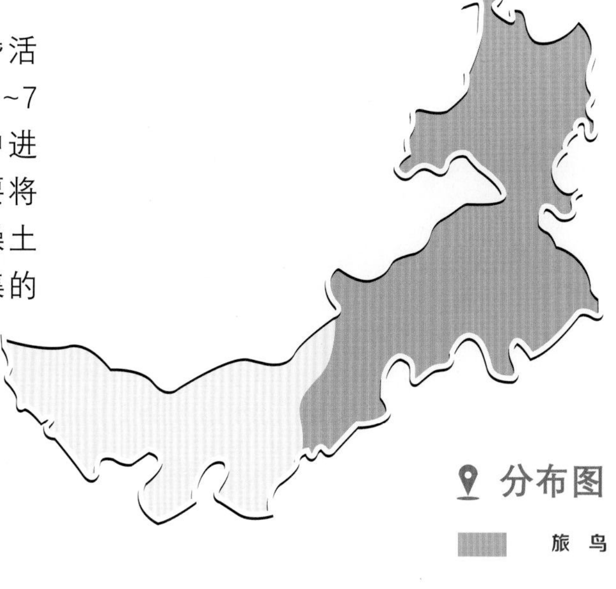

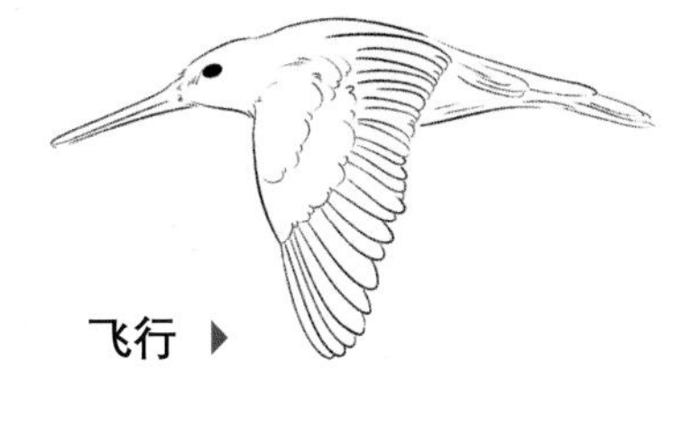

飞行 ▶

生活习性

▲ 站立

大沙锥主要以蚯蚓、甲壳类和昆虫等动物为食，通常在地面上啄食，有时也会将自己细长的嘴插入泥地中寻找食物。

大沙锥在迁徙的时候会根据时间的不同而改变飞行高度，它们在白天飞行时，会上升飞行高度，在黄昏时便会降低飞行高度。据研究人员推测，它们也许是为了避免阳光的热度，才会转变飞行高度。

你知道吗？

大沙锥在飞行时会变换飞行高度，它们上升的飞行高度超出我们的预想。经过研究发现，大沙锥多次飞到过6000米以上的高度。曾有记录显示：有一只大沙锥曾飞到8700米左右的高度，着实让人惊讶。

扇尾沙锥

Gallinago gallinago

鸻形目 • 鹬科 

沙锥类的鸟儿都有着长长的喙，像锥子一般，在觅食时会将嘴插入泥土中，因此得名“沙锥”。

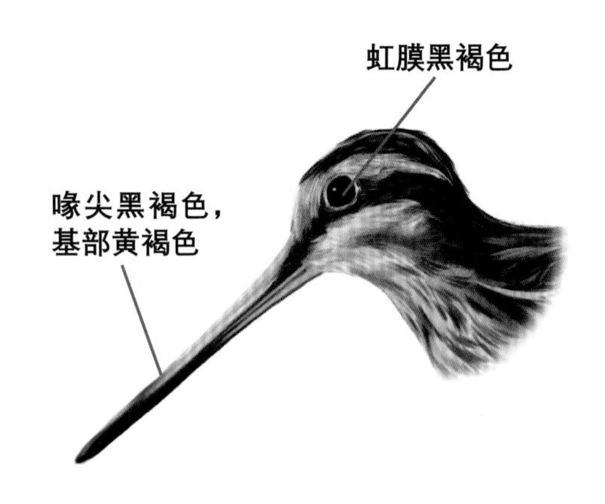

▲ 寻找食物

特征概述

扇尾沙锥的脖子与腿并不长，而喙的长度竟达到了 5.5 厘米，像筷子一样的喙能够在泥土中探测食物的位置，十分有趣。它们喜欢游走在水草丰美的地方，每走一步便会点头觅食。

形态特征

扇尾沙锥头顶具有黑色羽干纹，全身呈棕褐色，前颈胸部为棕黄色有黑褐色斑纹，背部纹路杂乱，黄色条纹十分明显；眼先为淡黄白色，黑褐色纵纹由嘴部经眼部延伸至眼后；腋羽与翅下为白色，零星点缀黑色斑纹。

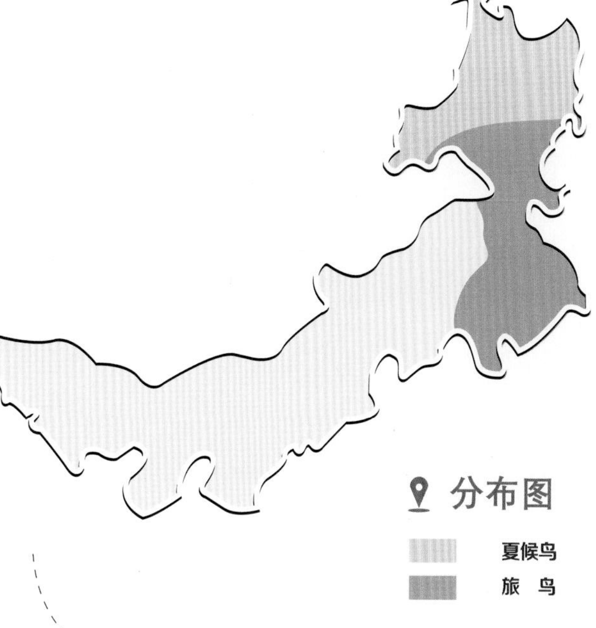

▲ 觅食

◀ 飞行

生活习性

扇尾沙锥主要以蚂蚁、甲虫、蜘蛛和蚯蚓等动物为食，偶尔也会吃小鱼和植物的种子。

扇尾沙锥在繁殖期时会求偶飞行，这时它们会发出独特的声音。它们通常会将巢建在岸边和沼泽地上，十分隐蔽。扇尾沙锥是早成鸟，一出生便可以行走，与妈妈一起外出觅食。

你知道吗？

如何区分大沙锥与扇尾沙锥呢？

大沙锥尾部两侧白色较多，翅膀下没有白色横纹，飞行时翅膀上没有白色羽缘，而扇尾沙锥具有这样的特点。

半蹼鹬

Limnodromus semipalmatus

鸻形目 · 鹬科 

目前野外生活的半蹼鹬数量极少，
已经属于近危等级。

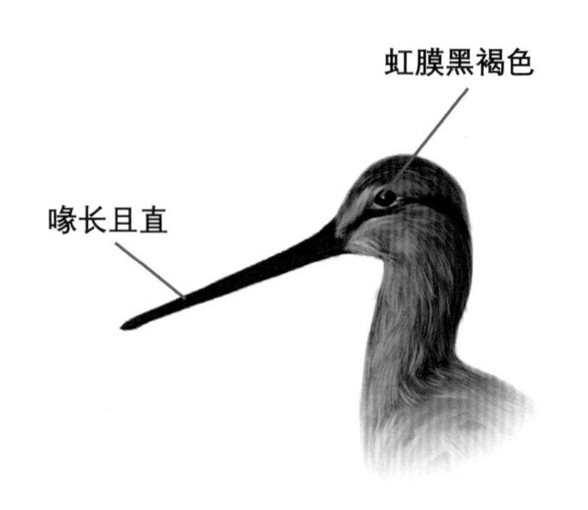

▲ 成对活动

形态特征

半蹼鹬全身呈暗灰褐色，腹部为白色，头和胁的两边有黑褐色斑点，眼先延伸至耳羽有不明显的白色条纹。到了繁殖期，半蹼鹬全身变成棕红色，翅上飞羽褐色，有白色的羽缘，头顶有密集的黑色纵纹，在两侧形成棕红色眉纹。

生活习性

半蹼鹬通常在水岸边的沙滩上觅食，主要以小鱼、蠕虫、软体动物、昆虫及其幼虫为食。

◀ 觅食

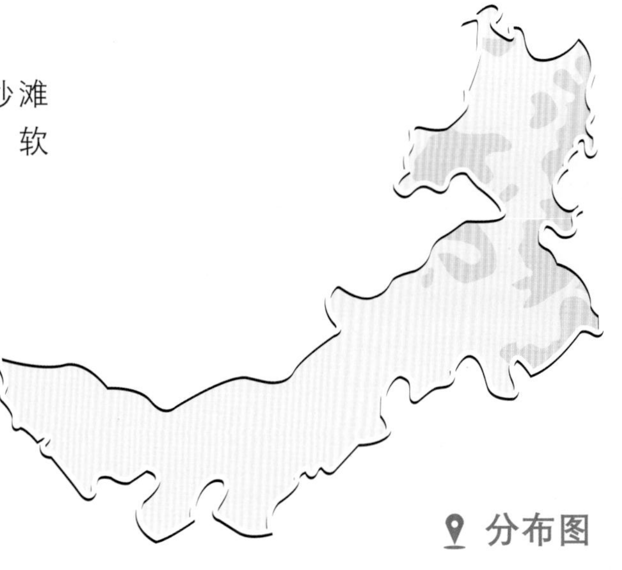

non-br.

繁殖行为

半蹼鹬是一夫一妻制，常常一小群生活在一起。它们巢穴的位置并不固定，有时在草丛中，有时在小土丘上，但大多都利用地面上的浅坑，收集树叶和干草来布置自己的房间。

半蹼鹬在飞行时会排成小队，降落后要停留片刻才会散开觅食。

众所周知，有许多的鸟儿都有迁徙的行为，这是为了适应自然环境而产生的一种本能现象。对于它们来说，这种有规律的飞行是生命旅程中的一部分。在冬季来临时，它们会飞往温暖的地方觅食，等到天气转暖便会飞回适宜的地方生活。

黑尾塍鹬

Limosa limosa

鸻形目 • 鹬科 

黑尾塍鹬冬羽与夏羽相似，
但上体呈灰褐色，下体灰色，
两翅上羽缘为白色。

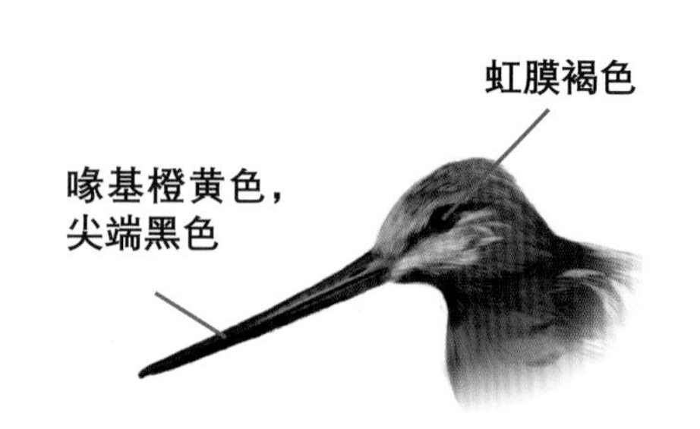

▲ 栖息

形态特征

黑尾塍鹬夏羽头颈为栗色，具有暗色的条纹，黑褐色的眼纹由眼先向后延伸至眼后；两翅为灰褐色，尾部为白色且有宽宽的黑色宽斑；胸部具有黑褐色星月形斑纹。

繁殖行为

黑尾塍鹬的繁殖期在 5~7 月，常聚在一起筑巢，通常将巢建在水域附近。在孵卵时，如果被干扰，成鸟就会飞到干扰者的头顶不停地鸣叫、威胁直至危险或干扰解除。

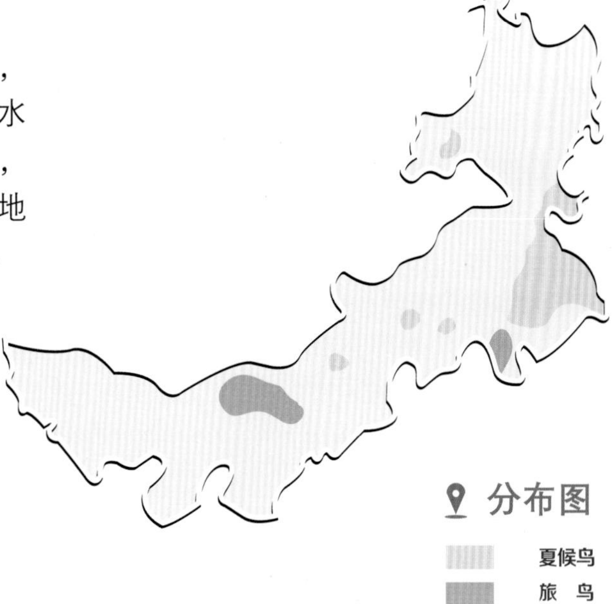

▲ 觅食

生活习性

黑尾塍鹬喜欢生活在湿地和湖边的草地上，它们通常会单独或聚成小团队活动，它们会一边走一边将嘴巴扎入泥巴中，主要以甲壳类、软体动物或昆虫及其幼虫为食。

黑尾塍鹬在东北地区和内蒙古为夏候鸟，在云南和海南等地为冬候鸟。

你知道吗？

黑尾塍鹬与斑尾塍鹬十分相似，该如何区分呢？

黑尾塍鹬的嘴直，尾端具有明显的黑色宽斑，斑尾塍鹬的嘴微向上翘，尾部有暗色斑点。

斑尾塍鹬

Limosa lapponica

鸻形目 • 鹬科 NT

非繁殖期，斑尾塍鹬的头顶与上体呈灰褐色，有白色眉纹，身上布满黑褐色羽干斑，胸部灰色有黑色细纹。

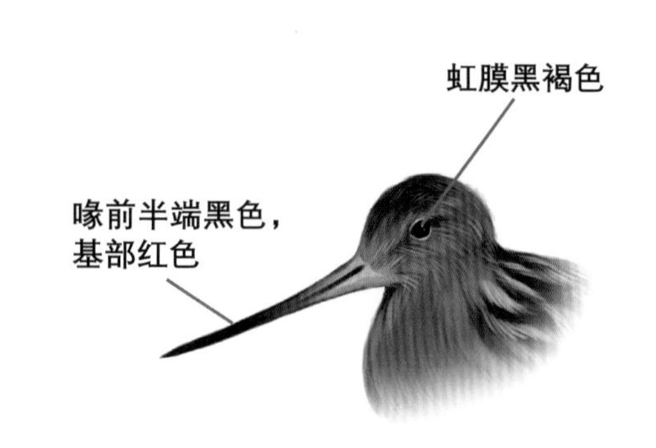

特征概述

斑尾塍鹬在迁徙中可以不吃、不喝、不休息连续飞行约10000千米。在出发前，它们会做充分的准备工作，其中最重要的就是把肚子填满，体重会达到之前的2倍。想象一下，如果是我们的话，一次性吃那么多东西，可能连走路都很困难，但令人惊讶的是，斑尾塍鹬却还能保持着平时的体形，这是因为它们会通过压缩体内器官为脂肪腾出位置，而脂肪便是它们在迁徙旅程中的能量。

分布图

旅鸟

▲ 飞行

形态特征

斑尾塍鹬到了繁殖期时，雌鸟与雄鸟都换上了“新衣服”。雄鸟全身呈栗棕色，头顶有黑褐色的斑纹，翅膀呈深褐灰色并具有白色斑纹。雌鸟全身土黄色，胸部棕黄色，腹部白色，有暗色斑纹。雌鸟的体型比雄鸟大，嘴也更长一些。

non-br.

生活习性

斑尾塍鹬主要以软体动物、甲壳类、水生昆虫及其幼虫为食。

斑尾塍鹬喜欢聚在一起生活，在迁徙时雄鸟会进行一段“告别表演”，在空中不停转换飞行姿势，时而滑翔时而扑翼。

你知道吗？

斑尾塍鹬在连续的飞行中不休息不会困吗？

虽然还没有确定，但是根据科学家们的猜测，它们或许可以让两个大脑半球轮流休息，用半个大脑控制，这样就可以一边休息，一边飞翔，还不会迷路，就像开启了“自动驾驶模式”。

小杓鹬

Numenius minutus

鸻形目 • 鹬科 LC

小杓鹬属于小型涉禽，体长约 31 厘米，长长的喙微向下弯曲。

▲ 群体活动

形态特征

小杓鹬背部呈黄褐色且布满了黑色斑纹，颈部、胸部具有不明显的褐色斑纹。从眼先到眼后贯穿一条黑纹，腋羽呈黄色，密布着黑褐色的细斑。雌雄羽色相似，雌性体型大于雄性。

生活习性

小杓鹬主要以小鱼、软体动物或昆虫为食，有时也会吃藻类植物与植物的种子。

分布图

旅鸟

▲ 飞行

觅食 ▶

小杓鹬平时单独或聚集成小群活动，迁徙时会聚集成更大的群体。在迁徙途中，它们有时还会在地面上捡拾草籽为食。在繁殖期，它们喜欢生活在高山的森林和矮树丛地带，迁徙期时，喜欢生活在海滩与沼泽地。每当海水退潮后，它们便会到滩涂上觅食。

你知道吗？

杓鹬也有自己的节日，2018年4月20日联合国《保护野生动物迁徙物种公约》中将2018年的4月21日定为“世界杓鹬日”（World Curlew Day）。

中杓鹬

Numenius phaeopus

鸻形目 • 鹬科 

中杓鹬是沿海地区在迁徙季节中最常见的鸟类，不仅可以在台风中迁徙，还可以借助台风的力量加快迁徙的速度。

▲ 觅食

特征概述

杓鹬，也被称为勺鹬，嘴巴细长微微弯曲，叫声也十分奇特像“cur-loo”，所以英文被称为curlew，真可谓是“名如其鸣”。所以哪怕它与其他鹬类混在一起，只要听声音也是非常容易分辨的。

形态特征

中杓鹬的嘴部至眼后有黑色斑纹，背部暗褐色布满细窄的黑色斑纹；尾部羽毛灰色，尾下白色，具有黑色的横斑；颈部和胸部为灰白色。

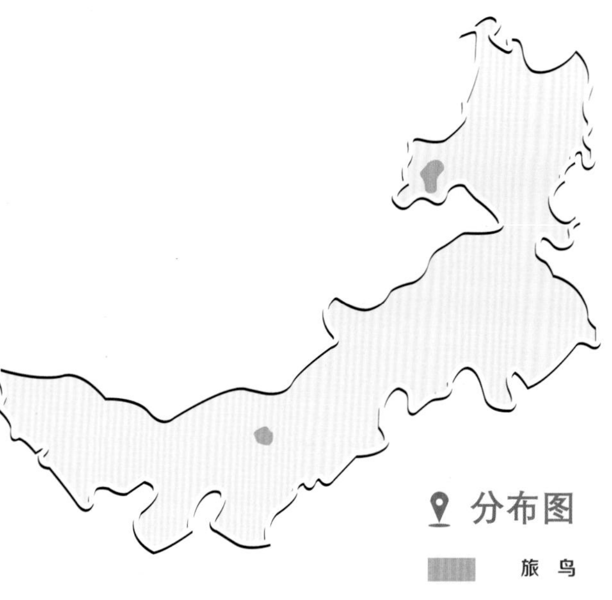

分布图

旅鸟

▲ 鸣叫

▲ 单独行动

你知道吗？

如何区分中杓鹬与小杓鹬？

中杓鹬的腰部和眉纹为白色，而小杓鹬的眉纹为皮黄色。

生活习性

中杓鹬主要以甲壳类、蟹、螺或是昆虫及其幼虫为食。遇到体型小的蟹一口就会吞掉，体型大不能直接吞食的，为了防止吞下时把喉咙划伤，它们会先把蟹甩来甩去然后将钳子弄掉，最后吞掉圆乎乎的身体。

中杓鹬常单独活动，它们行走时步伐十分缓慢，没有合适的栖息位置时会在树上休息。

白腰杓鹬

Numenius arquata

鸻形目·鹬科 

白腰杓鹬有着长长的喙，
而且微微向下弯曲。

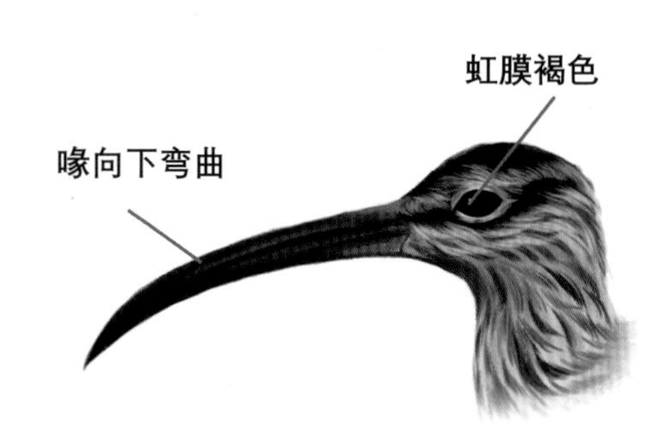

特征概述

喜欢集群生活的白腰杓鹬有时会站在海滩上集体休息，等待着落潮后去海边觅食，一个个站在一起像是按了复制、粘贴键，十分可爱。

形态特征

白腰杓鹬上体为淡褐色，布满黑褐色羽干纹，纹路向背部延伸并逐渐变宽成为块状斑；翅膀上有锯齿一样的黑褐色羽轴斑，颈部与胸部具有灰褐色的纵纹，这么多的斑纹简直就是“密集恐惧症”人群的噩梦。

▲ 群体活动

▲ 觅食

你知道吗？

白腰杓鹬的繁殖期在5~7月，5月初便开始筑巢，通常会选择靠近湖边的沼泽地或干燥的土地上，利用天然的浅坑做巢。在孵卵时如果受到打扰，白腰杓鹬就会将身体压低，悄悄地离开巢穴，一般不会起飞。

生活习性

白腰杓鹬主要以小鱼、小蛙、甲壳类、蠕虫或软体动物等动物为食，它们捕到食物会将食物放在水塘中洗干净再进食。

白腰杓鹬常聚集在滩涂上一起活动，活动时步伐十分缓慢，并且不时地抬头观察周围的环境，一旦发生危险便立即飞走。

大杓鹬

Numenius madagascariensis

鸻形目 • 鹬科 

大杓鹬的体型较大，全身的颜色要比白腰杓鹬更深一些。

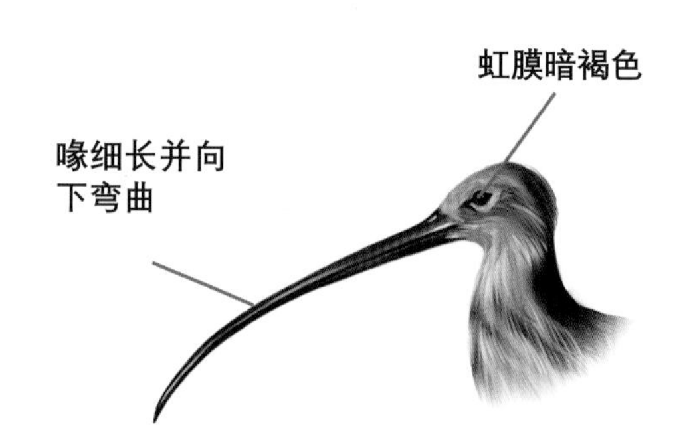

特征概述

大杓鹬在群体活动时，会通过叫声来相互传递信息，在飞行时会发出“ka~li”的声音。

形态特征

大杓鹬的体型较大，全身的颜色要比白腰杓鹬更深一些。上体呈黑褐色，羽缘白色并有着棕色的花状斑纹，翅膀灰褐色，尾羽灰黄色具有灰褐色横斑。

分布图

旅鸟

▲ 张望

▲ 觅食

生活习性

大杓鹬主要以甲壳类、软体动物、昆虫及其幼虫为食，有时也会食用小鱼与爬行类动物。

大杓鹬喜欢生活在丘陵和平原地带的水域以及湿地等地，它们常集成小群生活和觅食。它们的胆子很小，在觅食时会不断地抬头观望四周，长时间一动不动的站在原地，如果有危险就立即起飞，虽然两翅扇动速度慢，但飞得极快。

你知道吗？

白腰杓鹬与大杓鹬的外形十分相似，简直是双胞胎一般，那如何去区分它们呢？

白腰杓鹬：腰部和臀部皆是白色，翼下飞羽白色。大杓鹬：腰部红色，臀部土红色，飞翔时翅下飞羽布满横斑。

鹤鹬

Tringa erythropus

鸻形目·鹬科 

鹤鹬的名字中虽然有“鹤”字，但它们却是名副其实的鹬科鸟类，而且冬夏还有着不同的面貌。

形态特征

鹤鹬的夏羽头颈均为黑色，眼睛周围有一圈白色斑纹，翅膀为黑色并布满白色斑纹，尾部为暗灰色有较窄的白色横斑，腋羽为白色。冬羽头颈灰褐色，嘴基到眼后有白色眉纹，尾羽白色有密集的黑褐色横斑。

生活习性

鹤鹬常常单独或者小群体活动，它们多在浅水处或者泥地中边走边啄食，有时也会在水深到腹部的地方觅食一些软体动物，如贝类等。鹤鹬偶尔还会从水底啄食食物，此时它们会采用“倒栽葱”的方式，并不停地划动双脚，从而使身体保持平衡。

▲ **“倒栽葱”**

分布图

旅鸟

繁殖行为

鹤鹬通常会在湖边的土地上、岩石下或树下筑巢，它们还会在松软的苔原地上压出一个个浅坑，铺垫树叶与枯草作为巢穴。在孵卵期会由雌雄共同孵卵，有所不同的是，鹤鹬孵卵以雄性为主。

鹤鹬和大多数鸟类一样都会换羽。

你知道吗？

鸟类为什么要换羽呢？

一是为了适应气温，保护自己。二是因为羽毛在飞行过程中不免会有损坏，换羽能够让它们更加安全地飞翔。鸟类在换羽时需要补充比平时更多的能量，所以不会在繁殖期或迁徙中换羽。

红脚鹬

Tringa totanus

鸻形目 • 鹬科 LC

红脚鹬飞行能力强，受到惊吓便会立即飞起。

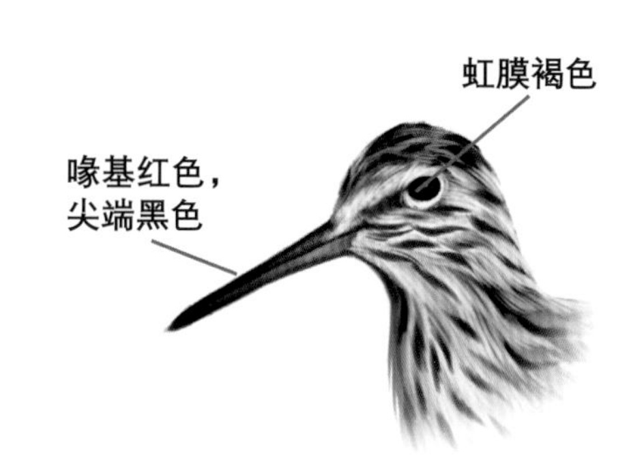

▲ 栖息

特征概述

红脚鹬又叫做赤足鹬，这个名字来源于它们红色的脚，但其实它们的脚并不是一出生就是红色的，小时候，它们的脚是比较常见的橙黄色，长大后才会慢慢变成红色。

形态特征

红脚鹬夏羽上体呈灰褐色且有黑色羽干纹，背部与两翅上有黑色斑块；腹部白色，尾部也是白色，但有较窄的黑褐色横斑。冬羽头顶的羽干纹消失，头侧与胸侧有淡褐色的斑纹，其余部分与夏羽相同。

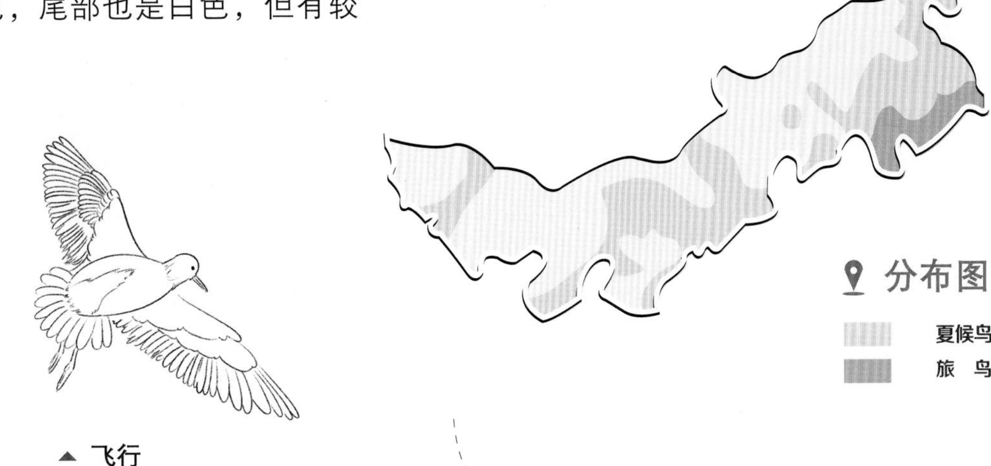

▲ 飞行

non-br.

生活习性

红脚鹬常常在浅水处或紧挨水边的土地上觅食，主要以甲壳类和昆虫等动物为食。

你知道吗？

同样拥有红脚的还有鹤鹬，远远看去它们也是不易分辨的。不过鹤鹬的繁殖羽是黑色的，除此之外，鹤鹬只有下嘴基是红色，而红脚鹬上下嘴基都是红色。鹤鹬嘴的尖端略微向下有些弯曲，而红脚鹬笔直。鹤鹬体型大，嘴比较长且细，而红脚鹬嘴短且比较厚。

泽鹬

Tringa stagnatilis

鸻形目 • 鹬科 LC

泽鹬的繁殖期在 5~7 月，一般孵卵的任务是由雌鸟与雄鸟共同完成。

▲ 飞行

形态特征

泽鹬夏羽头顶为灰白色，具有暗色斑纹，背部沙褐色具有明显的黑色中央纹；翅膀灰褐色，前颈与胸部为白色。冬羽头顶为淡灰褐色，具有暗色纵纹，颈侧与胸侧有黑褐色斑纹，其余与夏羽相似。

生活习性

泽鹬主要以软体动物、甲壳类、水生昆虫及其幼虫为食。

▲ 求偶

▲ 觅食

泽鹬喜欢生活在湖泊、水塘和芦苇沼泽等地，常常将巢穴建筑在土地上的浅坑中。它们喜欢聚集在一起，在泥地与浅水区活动。在地面上觅食时偶尔也会将长嘴扎入泥中寻找食物。

泽鹬的领地意识极强，与其他鹬类一样，会装作受伤迷惑干扰者，或是在上空围绕，不断鸣叫，发出警告。

你知道吗？

一眼看去泽鹬与青脚鹬长得十分相似，但在繁殖期时却十分容易分辨，泽鹬的斑纹像枫叶，青脚鹬像英文字母J。除此之外，青脚鹬的嘴微微弯曲，泽鹬的嘴基比较粗，从中部慢慢变细。

青脚鹬

Tringa nebularia

鸻形目 • 鹬科 LC

青脚鹬主要以小鱼、小虾、蟹、螺或是水生昆虫及其幼虫为食。

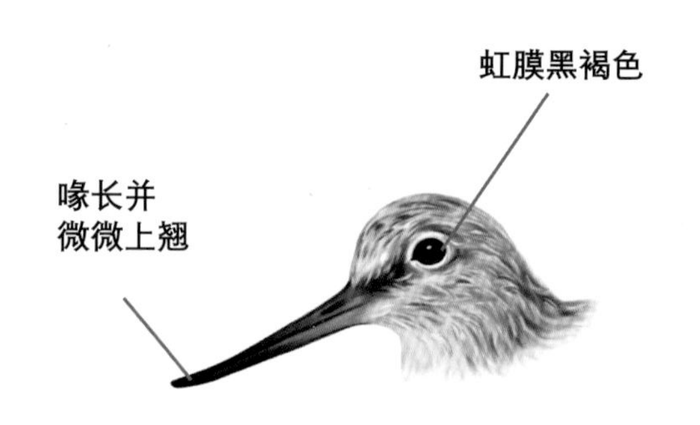

▲ 觅食

特征概述

青脚鹬在行走时，头会一直前后晃动，就像在点头一样，而且频率也很快，憨态可掬，十分可爱。

形态特征

青脚鹬夏羽上体呈灰褐色，具有黑色羽干纹，下体、腰部和尾部全部为白色，尾部上有黑色横斑。冬羽头颈为白色，有少量暗灰色条纹，在胸部两侧有淡灰色纵纹，其余均与夏羽相似。

分布图

旅鸟

起飞

活动

生活习性

青脚鹬常单独或成对的去浅水区活动觅食，有时也会走进与腹相齐的深水中，通过急速奔跑，冲向鱼群的方式来觅食。

青脚鹬喜欢在平坦的地带活动，常站在树顶上发出叫声。它们会选择在靠近沼泽的山丘上利用凹坑来筑巢。孵卵时父母会共同照顾雏鸟，但以雌性为主。幼鸟是早成鸟，出壳不久后就能走能飞啦！

你知道吗？

鸟类拍照爱好者将常见的鸟类称为“菜鸟”，将非常常见的鸟称为“大菜鸟”。而青脚鹬便是一种“大菜鸟”，因为无论在湖泊、农田或是海边都可以看到它们的身影，但随着它们的栖息地受到了破坏和人为捕杀，导致青脚鹬的数量直线下降。

白腰草鹬

Tringa ochropus

鸻形目 • 鹬科 

白腰草鹬喜欢不断地上下摆动尾部，和鸣禽中的白鹡鸰似的。

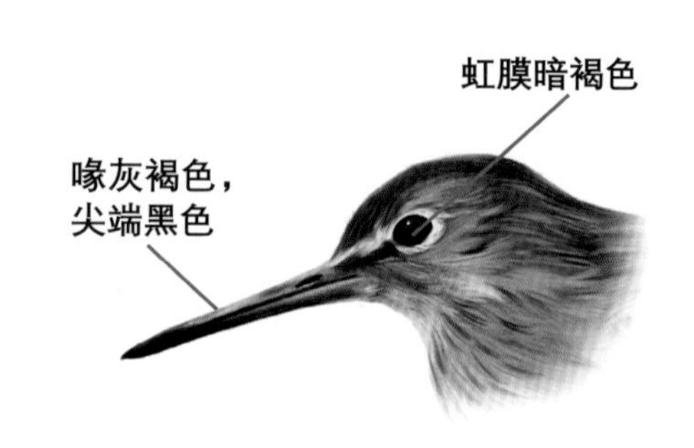

形态特征

白腰草鹬上体呈黑褐色，前额和颈部有白色纵纹，嘴基到眼部有一条白色眉纹，两颊与颈侧布满细密的黑褐色纵纹；腹部为白色，两肋为白色，具有黑色斑点。白腰草鹬冬羽体色较淡，上体灰褐色，背和肩有并不明显的皮黄色斑点。

生活习性

白腰草鹬常常聚在一起，喜欢到肥沃田地觅食。它们主要以蜘蛛、虾和昆虫等动物为食，偶尔也会食用小鱼与稻谷。

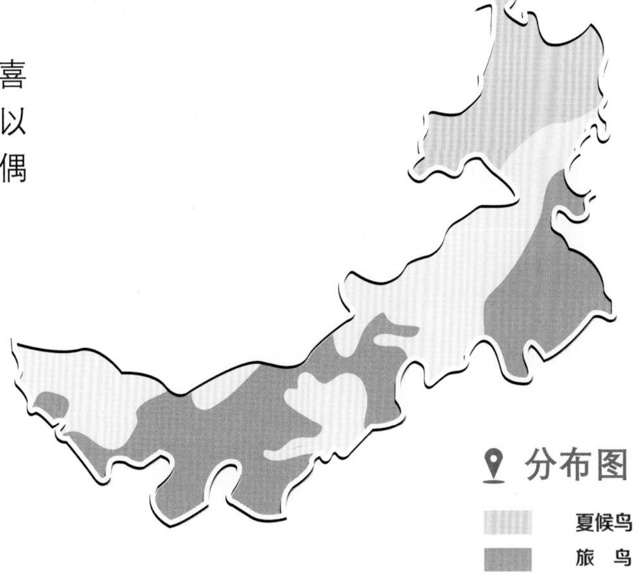

▲ 鸣叫

繁殖行为

我们常见到的鹬，它们的筑巢方式一般是利用地上的浅坑或自己刨一个浅坑，而白腰草鹬与林鹬便是鹬家族中几种特殊的鸟类，它们特别喜欢利用其他鸟类的旧巢。

在孵卵时，雌鸟和雄鸟轮流孵蛋，如果有人来侵扰，它们会在空中一直飞翔并且不停地鸣叫直到侵扰者离去。

▲ 觅食

你知道吗？

白腰草鹬多在浅水区活动，它们会一边走一边觅食。如果遇到危险，首先疾走，然后隐蔽，最后伴随着鸣叫声才会起飞。

林鹬

Tringa glareola

鸻形目 • 鹬科 LC

林鹬的冬羽与夏羽相似，但颜色更深一些，胸部有不明显的褐色斑纹，两胁的横斑不明显。

形态特征

林鹬夏羽上体黑呈褐色，头颈部有白色纵纹，背部有白色或黄白色斑，颈部和胸部有黑褐色纵纹；两肋和尾下有黑褐色横斑，下体呈灰白色。

生活习性

林鹬主要以蜘蛛、软体动物或昆虫幼虫等动物为食。

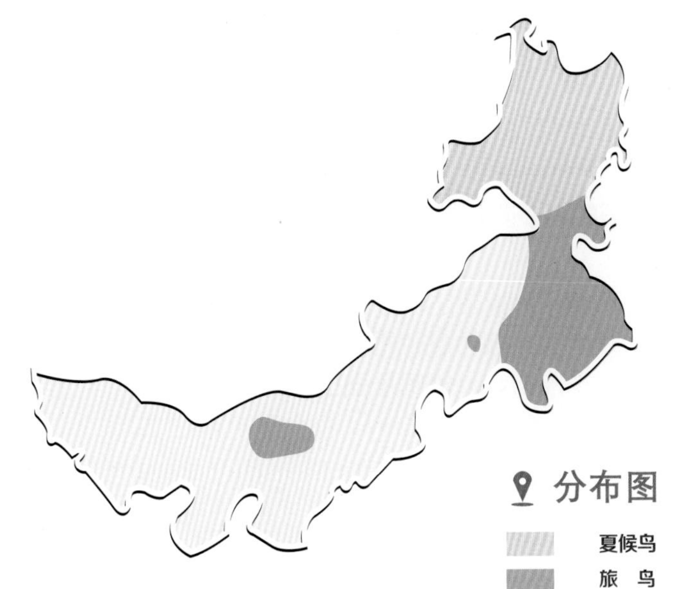

▲ 觅食

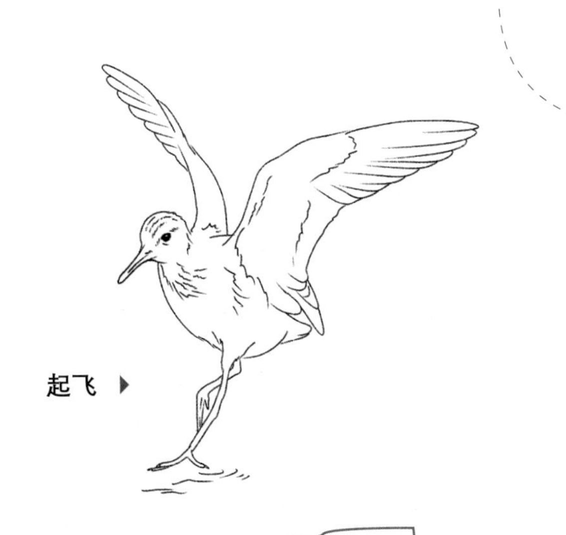

起飞 ▶

林鹬常在浅水区或沙石地上活动，或在水边快速行走，或一动不动，又或是边走边觅食，像一个天真顽皮的小朋友。

林鹬在繁殖期的时候主要栖息于开阔的湖泊、沼泽和河流的岸边，或是栖息于有矮灌木丛的水域。到了非繁殖期，它们主要栖息于各种淡水和盐水湖泊、水库与水田等地。

你知道吗?

你会区分林鹬和白腰草鹬吗?

林鹬的白色眉纹长，过眼部，白腰草鹬的白色眉纹短，到眼部；林鹬的背羽白色斑点大，白腰草鹬背羽的白斑点小，像是缝纫机压出的密密麻麻的针脚线。

矶鹬

Actitis hypoleucos

鸻形目 • 鹬科 LC

矶鹬十分活泼，不仅会频频点头，在休息时尾巴也会不停摆动，仿佛是在扭秧歌。

形态特征

矶鹬上体为橄榄绿色且有绿灰色光泽；头侧灰白色，有细的黑褐色纵纹。颈部与胸部灰褐色，翼下为白色，有明显的暗色横带。冬羽与夏羽相似，但上体颜色较淡，斑纹不明显。

繁殖行为

矶鹬宝宝刚出生不久便可以行走，跟随着父母外出觅食。在出发前，父母会在巢外鸣叫，发出即将出发的信号，整个过程中都会边走边鸣叫，让矶鹬宝宝听到声音找到方向，防止掉队。

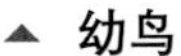

▲ 幼鸟

生活习性

矶鹬主要以各种昆虫为食，也会吃螺和蠕虫等无脊椎动物及小鱼和蝌蚪等小型脊椎动物。

矶鹬喜欢栖息在低山丘陵和平原附近的湖岸边，平常它们会在浅水的沙滩上活动，只有在迁徙途中才会成群出现在河岸与湿地中。

▲ 觅食

你知道吗？

矶鹬十分聪明，在炎热的夏天它们会到高山森林地带避暑。长白山的护林人员曾在海拔1800米的高山冰场发现过前来避暑的矶鹬群体。

翻石鹬

Arenaria interpres

鸻形目 • 鹬科 LC

翻石鹬可谓是鸟如其名，它们喜欢翻石头，一会儿翻翻这个，一会儿翻翻那个，可真是一个勤劳的鸟儿。

形态特征

翻石鹬在夏季时，雄鸟头为白色，头顶具有黑色斑纹；两眼间靠近嘴部的位置有条黑色横带，身体体色由栗色、白色和黑色组成。雌鸟与雄鸟相似，但体色多为较暗的赤褐色。到了冬天，翻石鹬身上的栗红色消失，换上偏黑褐色的外衣。

繁殖行为

翻石鹬的巢隐蔽得很好，会建在灌木丛或岩石下，收集草茎和苔藓等植物铺在巢穴中。

▲ 觅食

生活习性

翻石鹬常分散觅食，它们会用细小的嘴翻转水边地上的卵石，来寻找隐藏在石头下面的小型动物。

翻石鹬在4~5月与9~10月迁徙，迁徙时会聚集在一起，形成大群。

翻石鹬在地面上行走时像是蹒跚学步的婴儿，十分有趣。翻石鹬的奔跑能力很强，飞行也十分有力，但通常不高飞。

你知道吗？

翻石鹬除了吃石头下面的小型动物，也会啄食蚯蚓、软体动物和昆虫等动物以及一些植物的种子与果实，甚至偶尔会吃动物的尸体。

三趾滨鹬

Calidris alba

鸻形目 · 鹬科 LC

三趾滨鹬通常在水面上低空飞行，不时会发出“twick~twick”的声音。

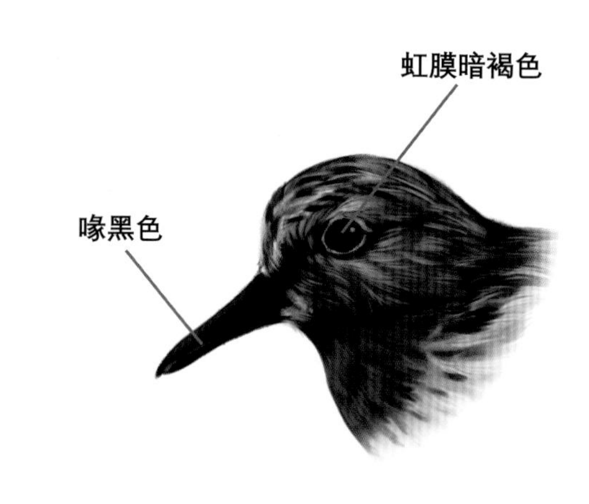

▲ 飞行

形态特征

三趾滨鹬的雌鸟体型比雄性大。夏羽全身呈深栗红色，具有黑褐色斑纹，胸、腹与翅膀下为白色。冬羽全身呈灰白色，下体为白色，翅膀上小覆羽黑色，形成明显的黑色斑纹。

繁殖行为

6~8月是三趾滨鹬的繁殖期，它们通常选择在有芦苇的湖泊、沼泽或海岸边筑巢，收集苔藓、枯草和碎石放置在巢中。较为特别的是，三趾滨鹬雌鸟会产两窝卵，其中一窝交给雄鸟孵化。

分布图

旅鸟

▲ 觅食

生活习性

三趾滨鹬主要以软体动物、甲壳类、昆虫及其幼虫等动物为食，偶尔也会吃植物种子。

三趾滨鹬常聚在一起，喜欢在海滩上活动，随着海水的涨落来回奔跑觅食。当海水后退，它们会立即出动，在刚刚落潮的沙滩上快速觅食；当海水前进时，它们又会快速后退到安全区域，几乎整日都沿着海岸线觅食。

你知道吗？

一般的鸟类都有四趾，三趾滨鹬的后趾退化，无后趾，所以被称为三趾滨鹬。

红颈滨鹬

Calidris ruficollis

鸻形目 • 鹬科 

红颈滨鹬体型很小，约 15 厘米，
和一个成人的拳头大小类似。

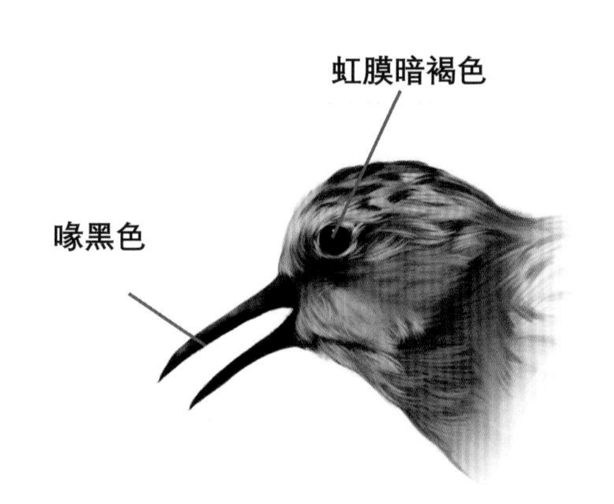

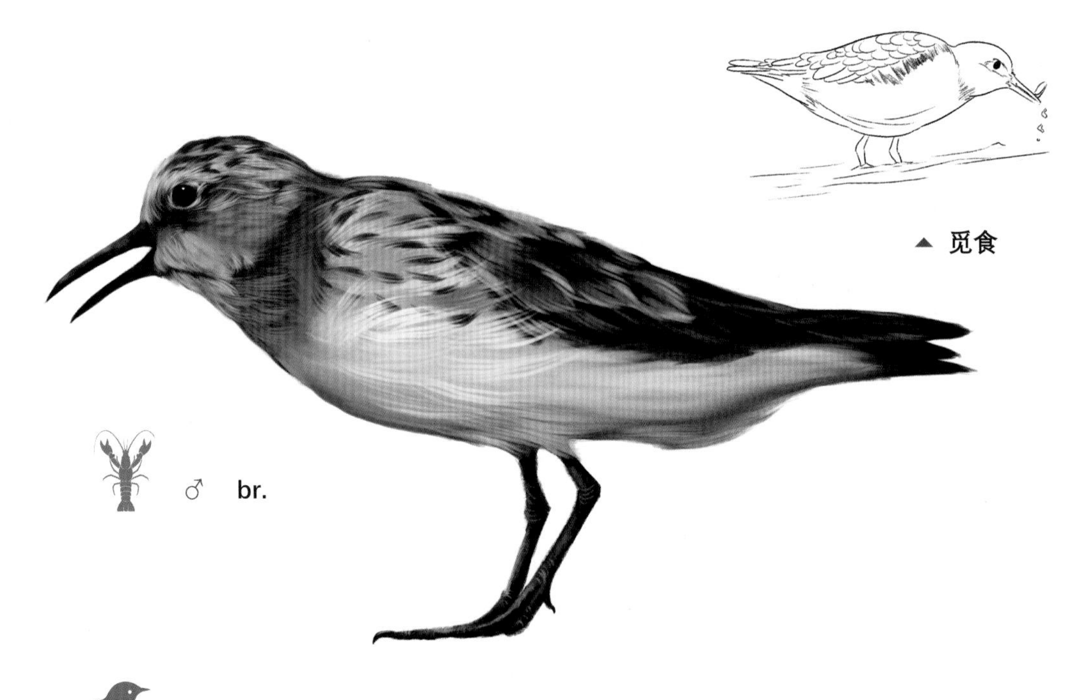

▲ 觅食

形态特征

红颈滨鹬的夏羽全身呈红褐色，头顶和颈部有黑褐色纵纹，背上有黑褐色的中央斑；翅膀呈黑褐色有白色端斑；下体白色，胸部有少量褐色斑纹。冬羽上体灰褐色，下体为白色，胸部两侧有灰色的斑纹。

生活习性

红颈滨鹬常常聚集在一起，喜欢在浅水区或海边活动，主要以甲壳类、昆虫及其幼虫为食。

红颈滨鹬性格活泼，行动敏捷。在觅食时，会先捡起食物，然后十分激动地将头上下点动或往后一甩。

它们在中国为旅鸟，每年的4~5月和9~10月都是它们迁徙的时节，天空中总会留下它们美丽的身影。红颈滨鹬一般会出现在内陆河流与湖泊地带。

你知道吗？

如何区分红颈滨鹬与小滨鹬？

红颈滨鹬的颏与喉部呈棕色，尾羽无棕色，小滨鹬的颏与喉部为白色，尾羽羽缘棕色。

小滨鹬

Calidris minuta

鸻形目 • 鹬科 

小滨鹬常出现于南亚地区，很少出现于东南亚。或许随着环境的改善，越来越多的小滨鹬会到更多的地方“做客”。

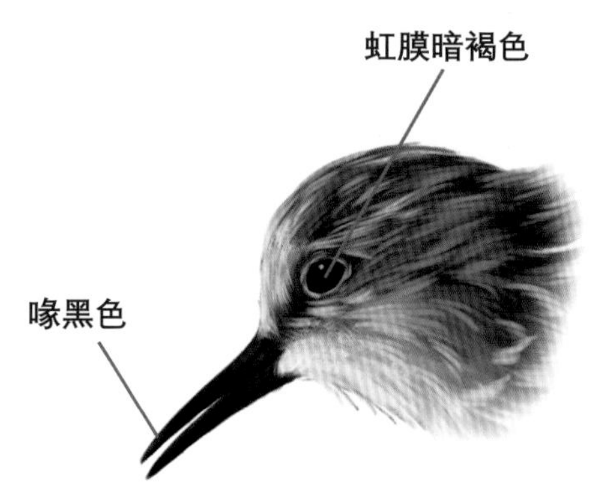

形态特征

小滨鹬的夏羽为全身淡栗色，头顶有黑褐色斑纹，头侧与后颈有褐色斑纹；下体为白色，上胸为淡栗色并有暗褐色的斑纹。冬羽上体和胸部变为褐灰色，其余部分为白色。

繁殖行为

每年 6~8 月便是小滨鹬的繁殖期，它们的巢十分简陋，通常建在河岸边或沼泽地旁，利用地上的浅坑并收集枯叶和枯草等植物装饰其中。孵卵时由雌鸟与雄鸟共同孵化。

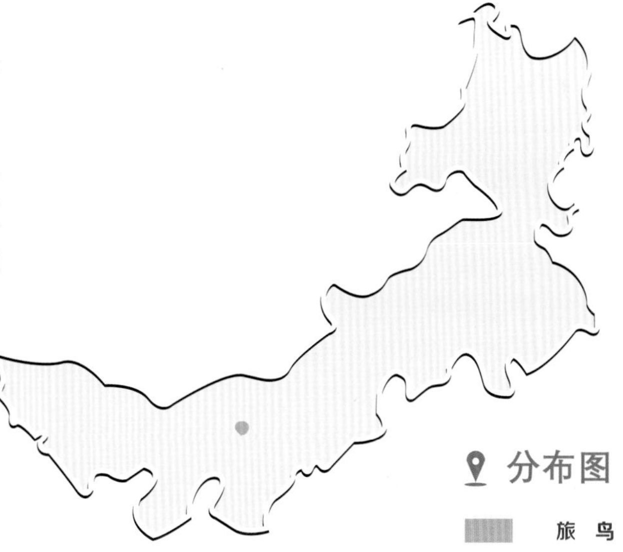

分布图

旅鸟

▲ 觅食

生活习性

小滨鹬常聚集在开阔的湖岸边活动，冬天也会出现在稻田、鱼塘和海岸地区。它们主要以甲壳类、水生昆虫动物与小型软体动物为食，常在水岸附近边走边觅食。

小滨鹬每年会从北极冻原向温暖的南方迁徙，从而躲避寒冷的气候环境。

你知道吗？

小滨鹬与红颈滨鹬相似，区别就在于小滨鹬夏羽耳羽和颈部有纵纹，背部、肩部羽色相近，喉部白色区域大。而红颈滨鹬夏羽耳羽和颈部无纵纹，背部、肩部羽色差异较大，喉部白色区域小。

青脚滨鹬

Calidris temminckii

鸻形目·鹬科 LC

青脚滨鹬的叫声是短快而似蝉鸣的独特颤音声—— tirrrrrrit…

特征概述

青脚滨鹬胆子很小，受到惊吓便会蹲伏在地面上，情况危急时便可以迅速起飞，急速升高逃离危险区域。

形态特征

青脚滨鹬头顶向后呈淡灰褐色，有黑褐色的斑纹，白色眉纹上有着不明显的褐色斑纹，翅上与腋羽呈白色。冬羽上体灰褐色，有窄黑色羽轴纹，眼先和脸呈灰白色具有褐色斑纹，两翅与夏羽相似，但是没有任何棕色掺杂。

▲ 觅食

non-br.

生活习性

青脚滨鹬常常在水边的沙滩上、泥地中边走边觅食，主要以蠕虫与甲壳类动物为食。

青脚滨鹬栖息在有湖泊、河流和沼泽的地方，有时还会出现在平原上。它们特别喜欢在长有水生植物和灌木等有遮蔽物的湖面附近活动，不喜欢生活在裸露的岩石海岸。

你知道吗？

青脚滨鹬在迁徙期间基本全部为群体生活，它们酷爱旅行，会随着季节的变化而迁徙，繁殖期在北方，非繁殖期又会迁徙到南方。

长趾滨鹬

Calidris subminuta

鸻形目 • 鹬科 

长趾滨鹬飞行时的动作十分敏捷，可以随时转换方向。

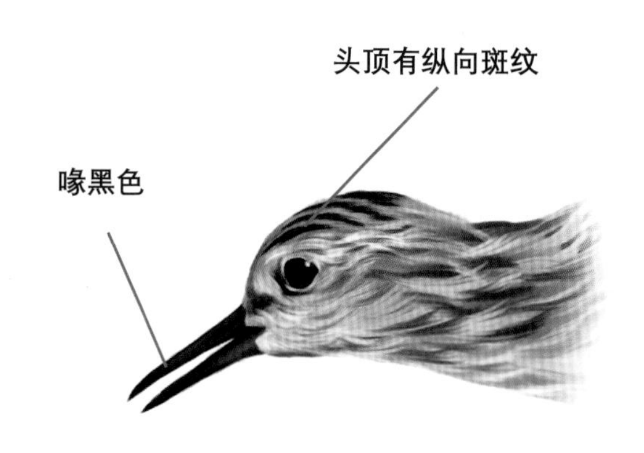

形态特征

长趾滨鹬夏羽上体除颈部呈淡褐色有较细的暗色斑纹外，其余为棕色，头顶有黑褐色的纹斑；下体呈白色，胸部有不明显的黑褐色斑纹。冬羽上体呈暗灰褐色，胸部有灰褐色纵纹，肩部褐色羽缘淡灰褐色。

生活习性

长趾滨鹬喜欢栖息在有植物的水域旁边，夏天会到距离水域较远的冻原地带，而冬天会出现在草地和农田上。

分布图

旅鸟

▲ 觅食

长趾滨鹬常聚成小群活动，喜欢在水边的泥地或沙滩上觅食，它们主要以昆虫及其幼虫或软体动物为食，偶尔也会觅食部分植物的种子。

长趾滨鹬比较胆小，遇到危险常站立在原地，一动不动地观察周围，有时还会躲进附近草丛中，倘若危险靠近，它们便会迅速起飞。

non-br.

你知道吗？

长趾滨鹬的趾明显比其他滨鹬的长，并且中趾的长度超过嘴的长度，因此被称为长趾滨鹬。

斑胸滨鹬

Calidris melanotos

鸻形目 • 鹬科 

斑胸滨鹬在飞行时会发出比较急促的“具依”声，而在受到惊吓的时候会发出奇特的“咔儿咔”声。

形态特征

斑胸滨鹬夏羽上体呈褐色，头顶有暗栗色和淡橄榄色纵纹，下体为白色。它们的冬羽与夏羽相似，头顶变为亮栗色，在肩部白色的羽缘形成了显著的“V”形斑。雄鸟颈部和胸部呈黑褐色，有白色斑纹。雌鸟颈部和胸部为皮黄褐色，有明显的黑褐色纵纹。

生活习性

斑胸滨鹬喜欢在水边的草地上觅食，主要以各种昆虫为食，偶尔也会食用蜘蛛等无脊椎动物。

飞行

繁殖行为

斑胸滨鹬繁殖期主要栖息于北极冻原，在非繁殖期主要栖息于河流、沼泽和湖泊等地附近的草地上。斑胸滨鹬到达繁殖地后便鸣叫不息，它们通常会将巢穴置于草丛下，借助其他植物的遮蔽保护自己的巢穴，巢穴中也会铺垫枯草和苔藓等植物。

你知道吗？

斑胸滨鹬飞行时会发出低沉，似“杜、杜、杜”的声音。如果遇到危险，有时会快速起飞，边飞边鸣；有时会原地不动，直到危险逼近才会突然飞起。

流苏鹬

Calidris pugnax

鸻形目 • 鹬科 LC

雄性流苏鹬在繁殖期间会长出流苏饰羽，所以被称为流苏鹬。

▲ 群体活动

♂ br. 独立型

形态特征

繁殖期，雄性流苏鹬头部至颈部会长出夸张华丽的饰羽，个体之间颜色差异很大，有栗色和白色等；雌鸟的外形较低调，色彩暗淡，头部和颈部没有夸张的饰羽。非繁殖期，雄鸟和雌鸟一样质朴。

生活习性

雄性流苏鹬有三种形态：第一种是独立型流苏鹬，它们的领地意识极强，会摆出各种姿势吸引雌鸟的注意，如果在它们的领地中出现了其他的雄鸟，它们便会“暴揍”入侵者。第二种是卫星型流苏鹬，它们没有自己的领地，常会趁独立型流苏鹬不注意时，偷偷地潜到它们的领地中，伺机和雌鸟繁殖后代，如果不小心被发现，则免不了一场打斗。第三种是拟雌型流苏鹬，它们和雌鸟相似，所以可以凭借着“男扮女装”的形象混入到独立型流苏鹬的领地中，等待时机和雌鸟繁殖后代。

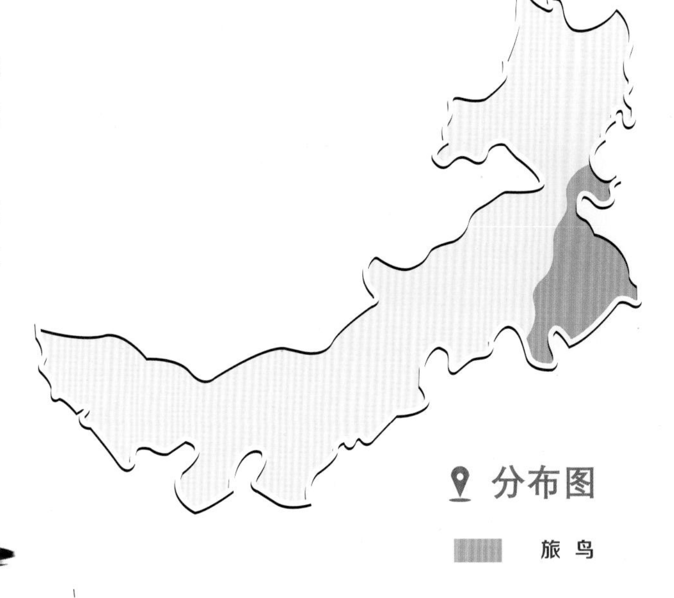

拟雌型

br. 卫星型

你知道吗？

拟雌型流苏鹬为了赢得独立型流苏鹬的信赖，会与其交配。但奇怪的是，真相大白之后，独立型流苏鹬并不会攻击它们。原来，和同性流苏鹬交配过的雄鸟，会赢得更多雌鸟的青睐。

弯嘴滨鹬

Calidris ferruginea

鸻形目·鹬科 NT

弯嘴滨鹬的嘴巴细长，且向下弯曲，故而得名弯嘴滨鹬。

▲ 群体活动

形态特征

弯嘴滨鹬繁殖期时上体颜色较深，尾部呈白色，头部至下体为锈红色，具有白色的细纹。非繁殖期时有清晰的白色眉纹，上体呈灰褐色，腰部和下体呈白色。

繁殖行为

每年的6月份，弯嘴滨鹬进入繁殖期，它们会用柳叶和干苔藓等材料在土丘或者小山坡的草丛中筑巢，有时也会用往年的巢穴。雌鸟和雄鸟会轮流孵卵，育雏。

▲ 觅食

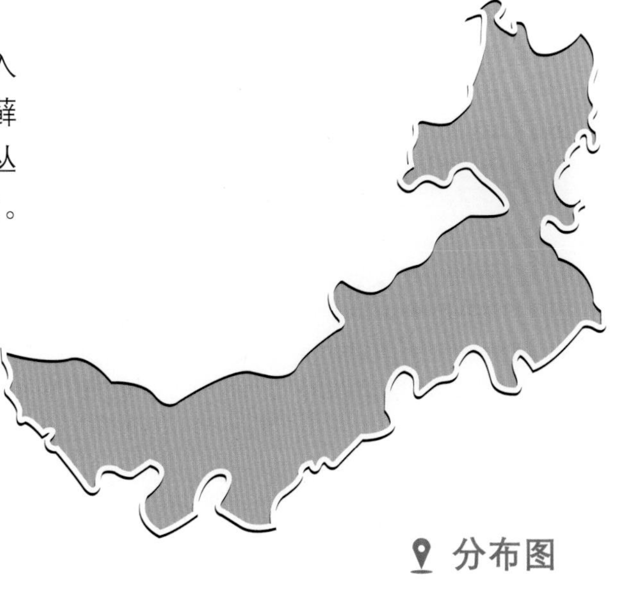

分布图

旅鸟

生活习性

non-br.

弯嘴滨鹬除繁殖期外常成群活动，它们喜欢生活在沼泽、河口和水田等地方。它们的嘴尖很敏感，可以探寻到泥土下面的食物，有时也会将头浸在水中，来寻找食物。

弯嘴滨鹬喜欢吃甲壳类、软体动物、蠕虫和水生昆虫等。

你知道吗？

弯嘴滨鹬和黑腹滨鹬在繁殖期时很容易分辨，但在非繁殖期时却很相似。它们的区别在于黑腹滨鹬的嘴较弯嘴滨鹬粗短，而且向下弯曲的幅度不明显。弯嘴滨鹬的腰部呈白色，而黑腹滨鹬的腰部仅两侧为白色，中间为黑色。

黑腹滨鹬

Calidris alpina

鸻形目 · 鹬科 

在繁殖期时，黑腹滨鹬的腹部中央有一块黑斑，好似穿着一个黑色的肚兜，所以称为黑腹滨鹬。

形态特征

黑腹滨鹬在非繁殖期时上体呈浅灰棕色，下体白色，尾羽中央呈黑色；黑腹滨鹬的眉纹为白色，嘴巴较长，而且略向下弯曲。

繁殖行为

每年的5月份，黑腹滨鹬进入繁殖期，它们会用树叶在苔藓或者草丛中的低洼处筑巢，雌鸟和雄鸟会共同孵卵、育雏。

▲ 觅食

生活习性

黑腹滨鹬以甲壳类、昆虫及幼虫等小型无脊椎动物为食。

黑腹滨鹬除繁殖期外常成群活动，它们喜欢生活在水田和小池塘等浅水处。它们主要依靠嘴巴的触觉来寻找食物，常在匀速前进的过程中寻得食物，偶尔也会见到黑腹滨鹬用它们尖尖的嘴巴一下一下地扎进泥土中觅食。

你知道吗？

黑腹滨鹬不仅喜欢群体觅食，飞行时也不例外，而且它们的飞行动作整齐一致，像一支训练有素的军队。如遇鹰隼袭击，它们就会变换队形来躲避攻击。

彩鹬

Rostratula benghalensis

鸻形目 • 彩鹬科 LC

彩鹬属于小型涉禽，雌雄的体色并不相同，雌性更加的鲜艳，而且雌性的体型也略大于雄性。

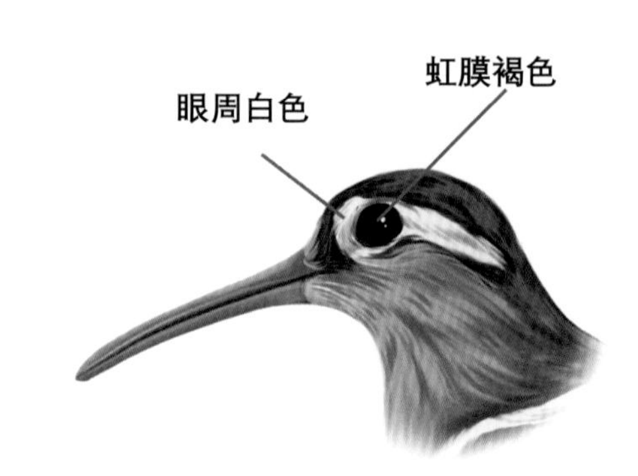

形态特征

彩鹬的雄鸟头顶黑褐色，头顶中央暗黄色，眼周至眼后有黄色条斑，身体上有细窄的黑色横斑与暗黄色斑纹。雌鸟头顶为暗褐色，头顶中央呈皮黄色或红棕色，眼周至眼后有白色条斑，颈部为棕红色。

生活习性

彩鹬主要以水蚯蚓、虾、蟹或昆虫为食，也会吃植物的种子、叶与谷物。

彩鹬多在清晨与黄昏活动觅食，它们会游泳和潜水。如果遇到危险先会在原地隐藏，当人或其他动物走到近处时才会被迫飞起。

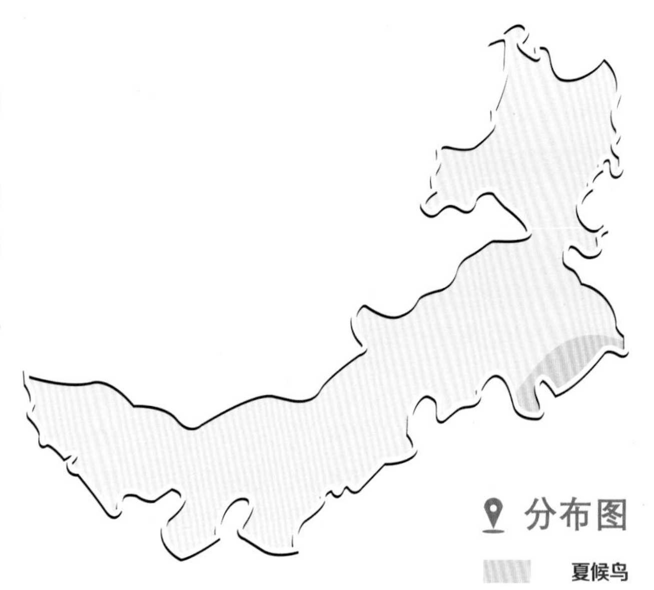

分布图

夏候鸟

▲ 幼鸟

你知道吗？

彩鹬雌鸟的翅膀上覆蓝灰色羽毛，在阳光下会显现出金属光泽。肩膀上还有两条白色的条纹，一眼望去像是穿着背带裤，而雄鸟则像是穿着黄色的背带裤。

繁殖行为

在彩鹬的世界中，性别的角色与其他鸟类不同，由雄鸟筑巢、孵卵。雌彩鹬在产卵后就会离开，由雄彩鹬专心孵蛋。彩鹬宝宝也是十分省心，出壳后等羽毛晾干便会跟随着爸爸外出觅食，如果不小心走散了，彩鹬宝宝会在原地趴下隐藏好自己，等待爸爸来寻找，彩鹬爸爸也会一直守护着自己的宝宝直至它们长大可以独立生活。

黑翅长脚鹬

Himantopus himantopus

鸻形目 · 反嘴鹬科 LC

黑翅长脚鹬有着黑色的翅膀，红色的长腿，黑色的尖嘴，高颜值的它们仿佛是“鸟界超模”。

▲ 觅食

形态特征

黑翅长脚鹬雄鸟夏羽前额白色，头顶至后颈黑色或黑色掺杂白色羽毛，翅膀上的飞羽均为黑色且具有绿色金属光泽。雄鸟的冬羽与雌鸟的夏羽相似，头颈都是白色。

繁殖行为

黑翅长脚鹬喜欢集群生活，它们非常团结，在孵卵期如果受到其他鸟类干扰，巢穴附近所有的黑翅长脚鹬会群飞到干扰者的上方，引诱或驱赶它们离开。

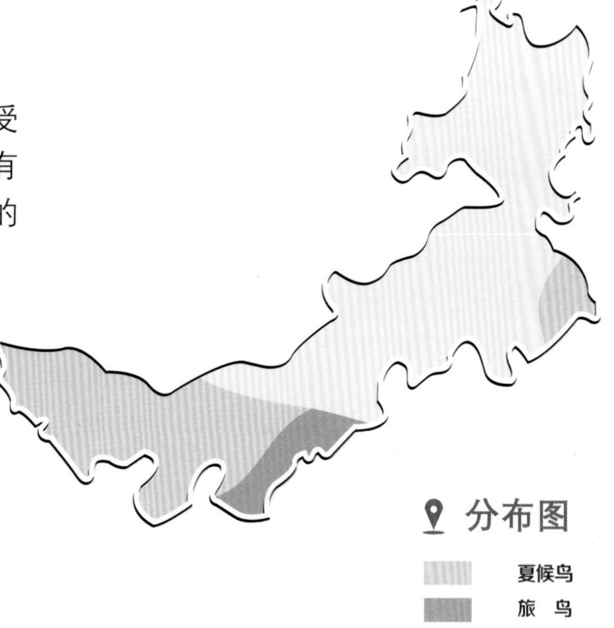

分布图

夏候鸟

旅 鸟

站立

生活习性

黑翅长脚鹬主要以小鱼、蝌蚪、水生昆虫以及甲壳类动物为食。

黑翅长脚鹬会边走边觅食，依靠一双长腿还可以去到水较深的地方。它们会将嘴插入泥中探寻食物，有时也会通过奔跑来追捕猎物。黑翅长脚鹬奔跑的样子略显笨拙。

水中活动

你知道吗？

黑翅长脚鹬有一个十分形象的别名叫做高跷鹬。别看黑翅长脚鹬的个头不大，却有着约30厘米的大长腿，简直就像是杂技表演中踩高跷的人。

反嘴鹬

Recurvirostra avosetta

鸻形目 • 反嘴鹬科 

反嘴鹬独特的嘴增强了它们的捕食能力，它们的趾间具蹼，擅长游泳。

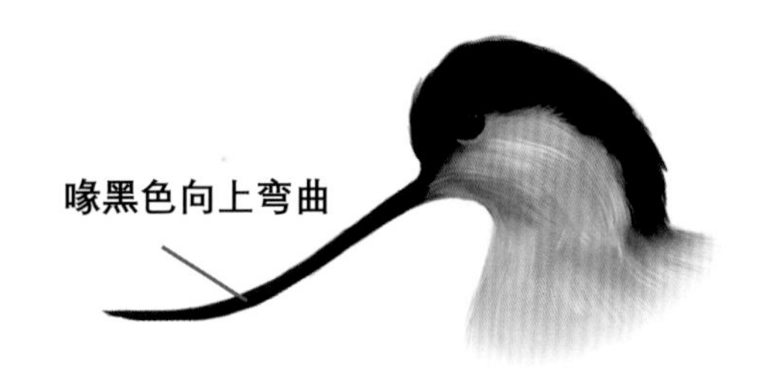

形态特征

反嘴鹬头顶、眼先和颈部为黑色或黑褐色，其余部位为白色。背和肩两侧为黑色带状斑纹，尾羽呈白色。反嘴鹬嘴为黑色，细长且向上翘起，与黑翅长脚鹬长相相近。

繁殖行为

反嘴鹬喜欢集群生活，通常会将巢穴建在岸边或是裸露的干地上，收集一些干草与枝叶铺垫在巢穴中。

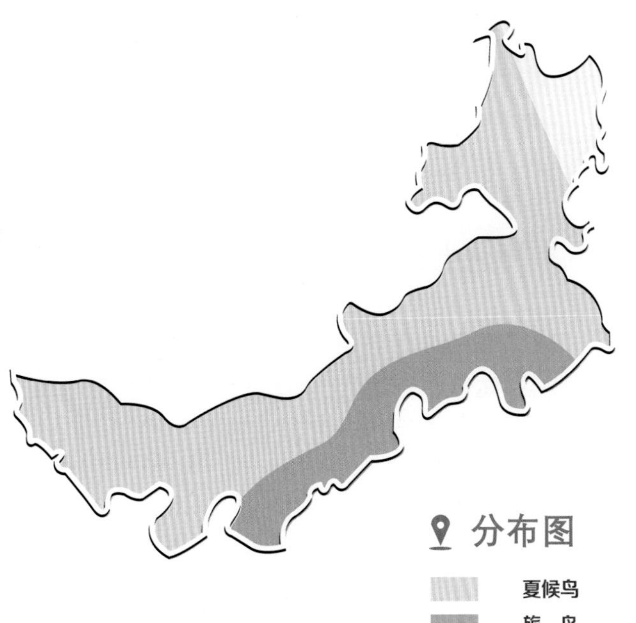

生活习性

反嘴鹬主要以泥沙中的水生昆虫、软体动物和甲壳类动物等小型无脊椎动物为食。

反嘴鹬一边走一边摆着头，用嘴不停地横扫水面与泥地表面，嘴巴的弧度正好可以挖掘泥沙中的食物。

反嘴鹬有时还会表演自己的特技——水中倒立，将喙插到泥土中，尾部向上，这项特技反嘴鹬可是不会轻易展露的。

▲ 群体活动

你知道吗？

“鹬蚌相争”是指对方持续不下而让第三方获利。这可能是鹬被误解的最深的一次。鹬以无脊椎动物为食，蚌就是其中之一，吃起来轻而易举，并不存在两败俱伤的情况，只可能是鹬在捕食时太过大意而被渔翁捕捉。

普通燕鸻

Glareola maldivarum

鸻形目 • 燕鸻科 LC

普通燕鸻主要是在地面上捕食，
由于体色与环境极为相似，
所以在休息时也不易被发现。

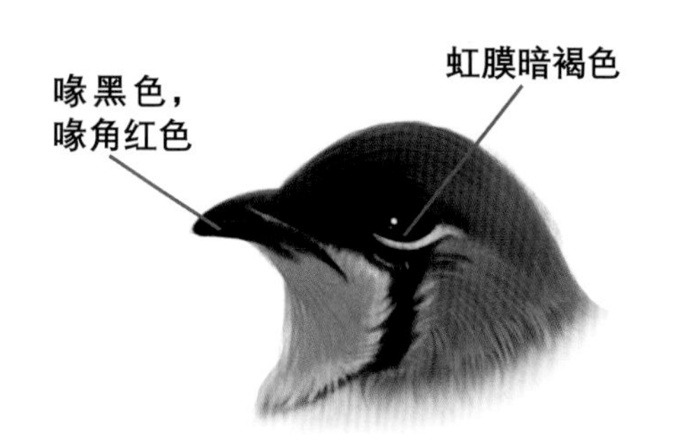

▲ 巢穴

特征概述

普通燕鸻的嘴部微微弯曲，适于在空中捕食，它们需要奔跑一段距离才可以安全降落到地面。

形态特征

普通燕鸻夏羽全身呈棕灰褐色，从眼先至眼下向下围绕喉部有条黑色细线形成一个黑圈，黑圈中还有一圈窄的白环，尾部为白色，嘴基处有红斑。冬羽与夏羽相似，但是嘴上没有红色，喉部的黑圈不明显，没有白环，整体呈淡褐色。

▲ 飞行

分布图

夏候鸟

生活习性

普通燕鸻主要以蝗虫和螳螂等昆虫为食，也会吃甲壳类的小型无脊椎动物。

普通燕鸻喜欢生活在岸边，一般集群行动，通常会在黎明与黄昏觅食。它们的巢穴十分简陋，在地上挖一个浅坑即可，少数鸟儿会收集枯草铺在巢穴之中，多数鸟儿会直接将卵产到沙地上。

你知道吗？

大部分鸟类会在哺育后代时捕食蝗虫，来为自身提供所需能量。燕鸻的嘴短小而扁阔，嘴尖微微弯曲，正因为这一特点，它们十分喜欢捕食蝗虫，是最能吃蝗虫的鸟类之一。

东方白鹳

Ciconia boyciana

鹳形目 · 鹳科 EN

东方白鹳是濒危物种，
有“鸟界大熊猫”之称。

▲ 觅食

形态特征

东方白鹳体态优美，全身除了尾部为黑色，其余均为纯白色。眼周与喉咙附近的裸露皮肤为红色，嘴巴像是一个大凿子，十分坚硬粗壮。

繁殖行为

东方白鹳对于巢穴可是非常看重，在繁殖期它们会不停地修补与加高，曾有人测量从产卵到幼鸟离开巢穴，整个巢穴增高了 17 厘米。

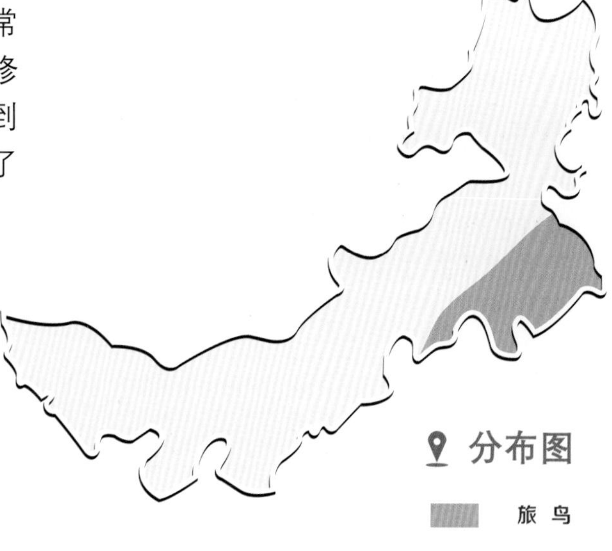

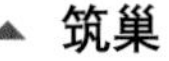
▲ 筑巢

▲ 准备觅食

你知道吗？

每到觅食时间，东方白鹳会将自己粗壮的嘴巴半张开，深入水中，利用触觉来觅食。而在陆地上捕食时，它们则要利用敏锐的视觉，一旦发现猎物，便快速向前啄食。

生活习性

东方白鹳主要以各种鱼类为食，偶尔也会吃其他软体动物与植物的种子。

东方白鹳通常在白天觅食，食谱中绝大部分都是鱼类，但也会随着季节而改变。它们在春、冬季时，主要会取食植物的种子与叶子；夏季的食物种类十分丰富，会取食鼠类、蛙、甲壳类和各种鱼类；到了秋天，还会捕食大量的蝗虫。

黑鹳

Ciconia nigra

鹳形目·鹳科 LC

黑鹳的巢穴通常会选择在人类干扰少的地方单独筑巢。

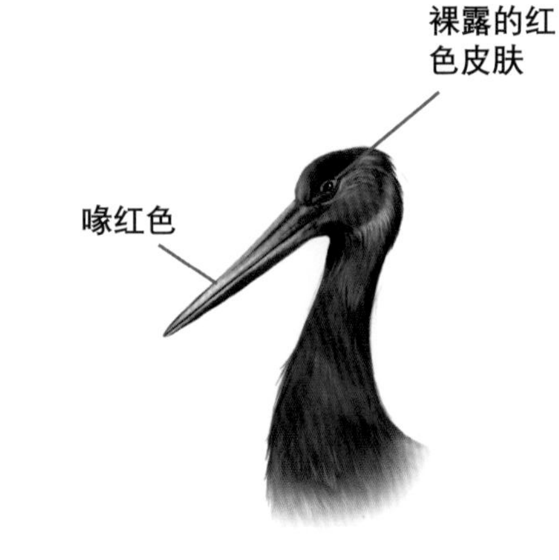

▲ 巢穴

形态特征

黑鹳是一种大型涉禽，雌雄外形相似。黑鹳的眼睛周围是裸露出来的红色皮肤，它们的全身除了腹部是白色，其他部位均为黑色，并且不同部位的羽毛在阳光的照耀下有着不同颜色的金属光泽。

繁殖行为

黑鹳宝宝出生后，黑鹳父母中的一只会保护巢穴，另外一只则外出捕食，轮流替换，而当黑鹳宝宝胃口变大之后，就需要黑鹳父母共同外出捕食来喂养自己的孩子。

▲ 觅食

生活习性

黑鹳主要以泥鳅和鲫鱼等小型鱼类为食，也会食用蛙、蜥蜴、甲壳类与昆虫等动物。

黑鹳觅食的地点一般离巢穴较远，它们会选择很少受到打扰的浅水区觅食。当遇到猎物时便迅速将头伸出，张开自己尖尖长长的嘴巴啄食。在捕鱼方面，黑鹳是涉禽家族中的强者。

站立 ▶

你知道吗？

黑鹳有一个特殊技能，那就是“备用围脖”。黑鹳在寒冷时会将颈部的毛发竖立起来，像一个蓬松的围脖，起到保暖作用。

白琵鹭

Plegadis leucorodia

鹈形目 • 鹮科 

白琵鹭的特别之处就是它们的嘴巴，长长的嘴巴在前端变得扁平宽大，上面还有横纹，与琵琶十分相像，所以也被称为琵琶鹭。

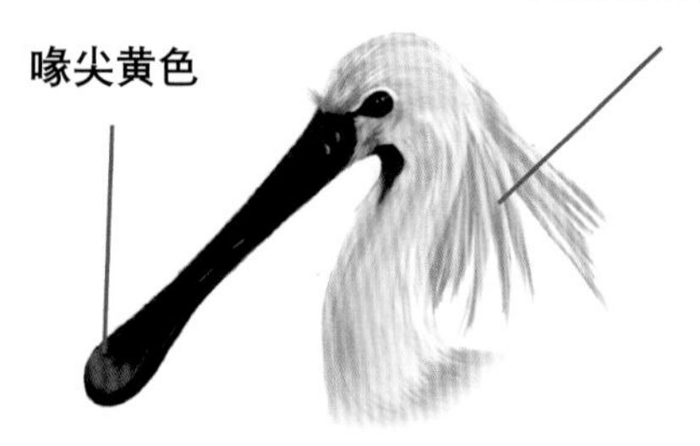

▲ 觅食

形态特征

白琵鹭的嘴扁平，又长又直，仿佛一个勺子。它们全身洁白，夏羽的头后有橘黄色长长的饰羽，颈部有橙黄色颈环，脸部与喉裸露的皮肤橙黄色，没有羽毛。冬羽与夏羽相似，但头部没有羽冠与颈环。

繁殖行为

白琵鹭通常只在晚上孵卵，刚出生的幼鸟由雌鸟雄鸟共同抚育，等到有能力独立生活后小白琵鹭才会离开父母。

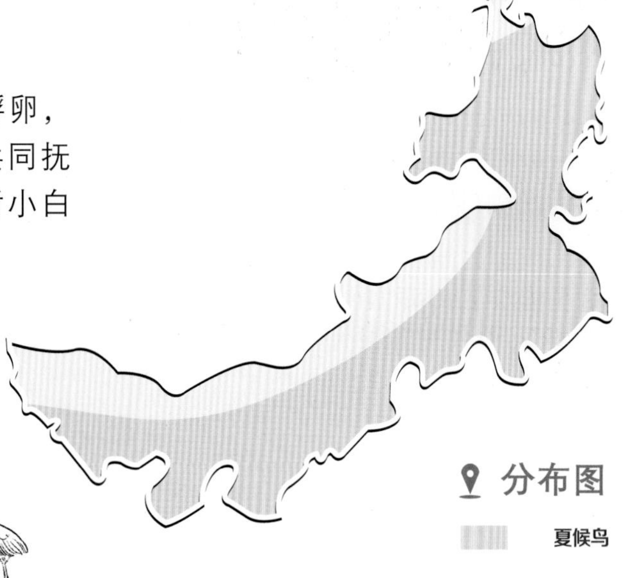

▲ 群体活动

生活习性

白琵鹭喜欢集群生活，它们会将巢穴筑于芦苇丛或树上。

白琵鹭特殊的嘴巴使得它们在捕食时与其他鸟类有所不同。白鹭捕食会先找准猎物的位置再用嘴捕食，而白琵鹭就是毫无目标，随缘捕食。它们将嘴伸入水中，微微张开后便来回“扫荡”，如有猎物触碰便立即捕食。

你知道吗？

白琵鹭是荷兰的国鸟，在中国也很常见。它们穿着雪白的“衣服”穿梭在两国之间，像是天使一般。

大麻鳽

Botaurus stellaris

鹈形目·鹭科 

大麻鳽喜欢在水域附近的草地或芦苇丛中活动、筑巢。

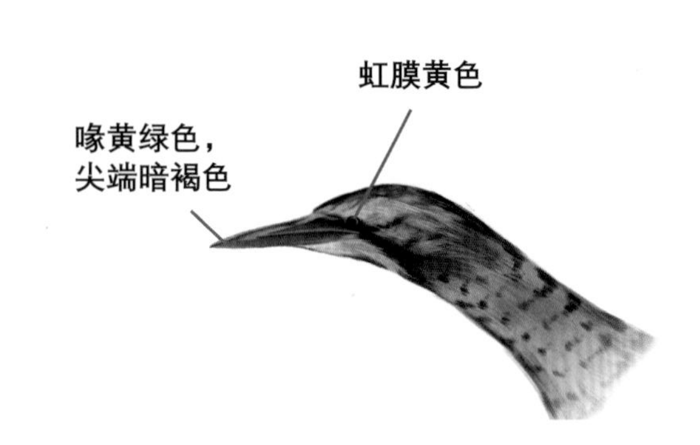

▲ 隐藏

形态特征

大麻鳽的身体粗胖，嘴尖而粗，全身棕褐色，头部和枕部呈黑色，颈部与胸部有黑褐色横斑，背部有明显黑色纵纹。

繁殖行为

大麻鳽常常成对的建筑巢穴，与其他鸟类的巢相隔较远。在繁殖期时主要由雌鸟孵蛋，而后它们会共同哺育后代。雌鸟十分恋巢，除非有人距离巢穴特别近，否则它们不会弃巢而去。

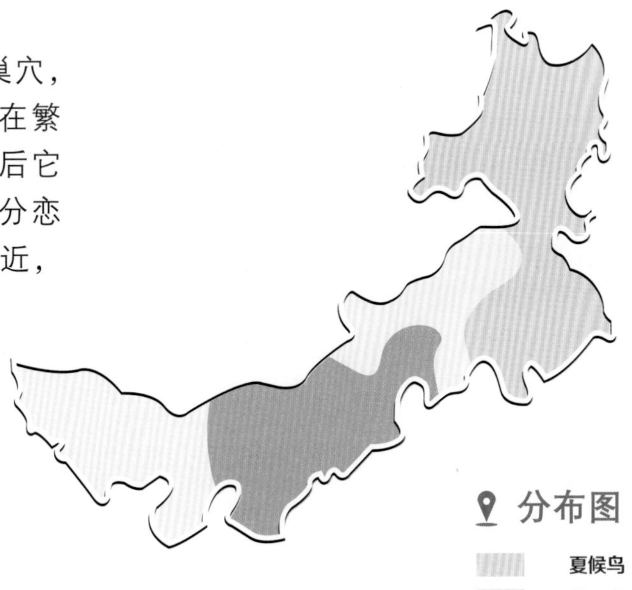

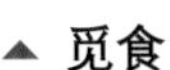

▲ 觅食

生活习性

大麻鳽主要以小鱼、小虾、蛙和水生昆虫等动物为食。

大麻鳽通常在黄昏与傍晚活动，觉察到危险时便会将头向上与身边的植物融为一体，不仔细看很难分辨。大麻鳽很少会起飞，只有在不得已的时候才会在空中缓慢飞行，没飞很远又落到草丛之中。

▲ 鸣叫

你知道吗？

在昆虫界有许多的小动物都会利用体色隐藏自己，而大麻鳽的体型较大，按理说很容易会被人们认出来，可在枯枝与水生植物的遮蔽下，它却仿佛隐身了一样。

黄斑苇鳽

Ixobrychus sinensis

鹈形目 • 鹭科 

黄斑苇鳽是一种脖子长、腿长的鸟类，属于中型涉禽。

▲ 觅食

特征概述

黄斑苇鳽一般生活在离水边不远的地方，它们会依靠植物进行捕食。有时它们会站在荷叶上，荷叶下的鱼群毫无察觉地从水中跃起或在水面游动时，黄斑苇鳽便用自己的长嘴夹住食物，成功捕食。

有时还会站在水生植物的茎上，一动不动等待着猎物的到来，发现猎物便一头扎入水中，捕食姿态十分搞怪。

▲ 隐藏

形态特征

黄斑苇鳽雄鸟头顶铅黑，全身羽色呈棕褐色，飞羽为黑色。颈部有黑色斑块，眼先裸露部位为黄绿色。雌鸟头顶为栗褐色有黑色纵纹，颈部有淡褐色长纹。

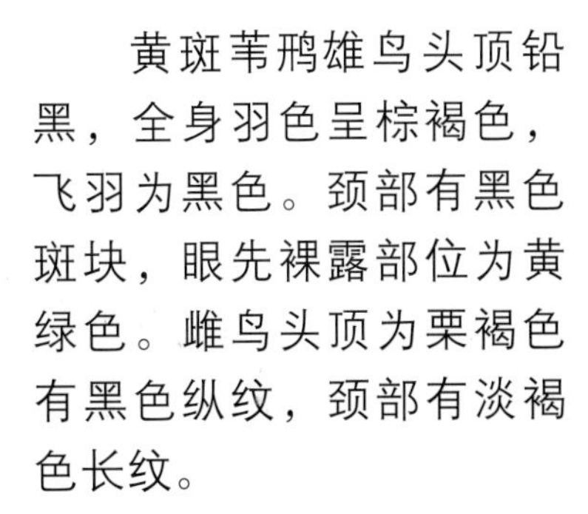

生活习性

黄斑苇鳽通常会在清晨与傍晚觅食，主要以小鱼、小虾和水生昆虫等动物为食。

黄斑苇鳽胆子很小，如果受到惊扰会立即一动不动，然后利用自己的体色将自己隐藏在周围的枯枝、香蒲和芦苇之中。

你知道吗？

为了捕捉到猎物，黄斑苇鳽不仅利用植物隐蔽了自己，更是化身“瑜伽高手”练就了高难度的动作，像是在劈叉一般，将两只爪分开抓住植物的杆，一直保持着这样的动作直到发现猎物。

夜鹭

Nycticorax nycticorax

鹈形目 • 鹭科 LC

夜鹭是鹭鸟家族中的另类，喜欢在夜间活动，而且在站立时总是缩着脖子，所以被人们称为“鬼鬼祟祟的鹭鸟”。

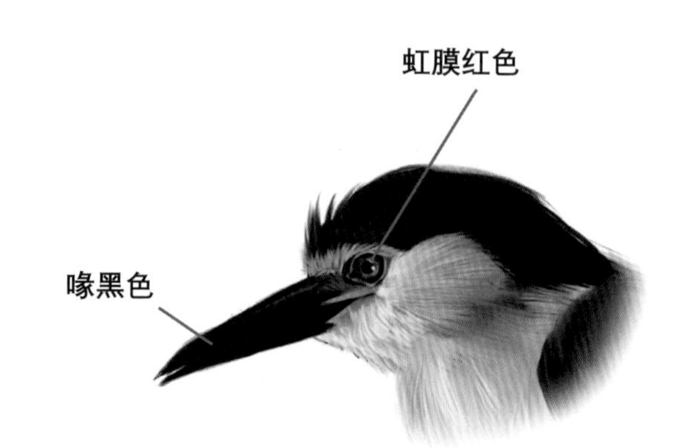

▲ 觅食

形态特征

夜鹭的头部和背部均为黑绿色并具有金属光泽，下体呈灰色，在枕部有白色长带状饰羽，眼先裸露的部分为黄绿色。

繁殖行为

夜鹭由于体色和形态与企鹅长的十分相像，所以被许多不熟悉夜鹭的人错认为企鹅。所以，夜鹭经常会隐藏在企鹅之中，成为企鹅家族的“编外人员”。

▲ 藏在企鹅群中的夜鹭

生活习性

夜鹭主要以鱼、虾和蛙等动物为食。它们常栖息在水岸边，喜欢在阳光直射的地方睡觉，不过有时它们可不止在睡觉，还有可能在“钓鱼”。它们会在靠近水边的地方一动不动装睡，等到猎物靠近就立即捕食。除了装睡外，它们还会扔野果等食物做诱饵，引诱猎物上钩或将残渣作为鱼饵来捕捉猎物。

▲ “钓鱼”

你知道吗?

夜鹭的名字来自于它们多在夜晚活动，红红的眼睛仿佛熬夜了一般。它们在白天基本不会发声，但在夜晚却经常鸣叫，这样的叫声是在宣告领地主权或在争抢食物。

池鹭

Ardeola bacchus

鹈形目 • 鹭科 

为了抢占筑巢的有利位置，池鹭们会大打出手。虽然有打闹，但当遇到危险时，它们还是会团结起来，共同保护领地与幼鸟。

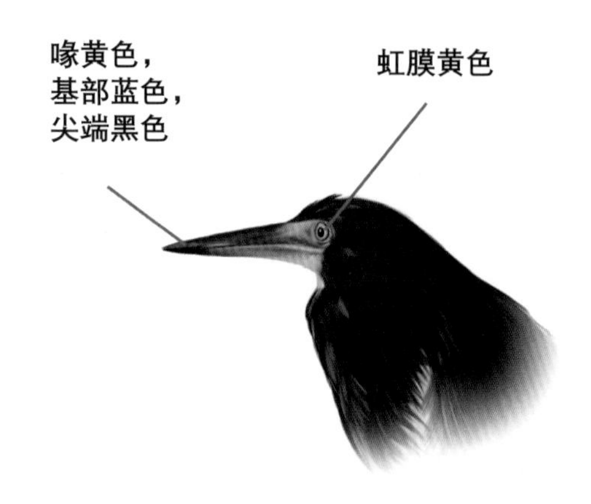

▲ 争夺

形态特征

池鹭头顶有密集的褐色条纹，颈部呈黄白色，背部为暗黄褐色，眼先的裸露部分为黄绿色。而到了繁殖期，它们的体色有了很大的改变，头与前胸呈栗红色，十分抢眼，头上有长长的羽冠，背部为蓝黑色，披着“帅气”的蓑羽。

繁殖行为

鹭鸟家族非常喜欢在一起营巢，一般巢穴与巢穴之间会相隔半米，在一棵树上可能会有十多个巢穴。

▲ 觅食

生活习性

池鹭主要以虾、鱼和蛙等动物为食，很少吃植物。

池鹭的胆子很大，不惧怕人。它们多数会在清晨与黄昏去稻田和池塘等水域附近活动。觅食时，池鹭会站在水边用长长的嘴飞快地啄食。它们迁徙时常呈小群体活动。

你知道吗？

池鹭在平时多数以鱼为食，所以在鱼活动的区域总能看到它们的身影。与人类不同，现生鸟类是没有牙齿的，所以它们捕到鱼后会直接吞咽，等到了肚子中再慢慢消化。

牛背鹭

Bubulcus ibis

鹈形目 · 鹭科 LC

牛背鹭通常将巢穴建于树上，喜欢与夜鹭和白鹭等鹭鸟聚集在一起营巢。

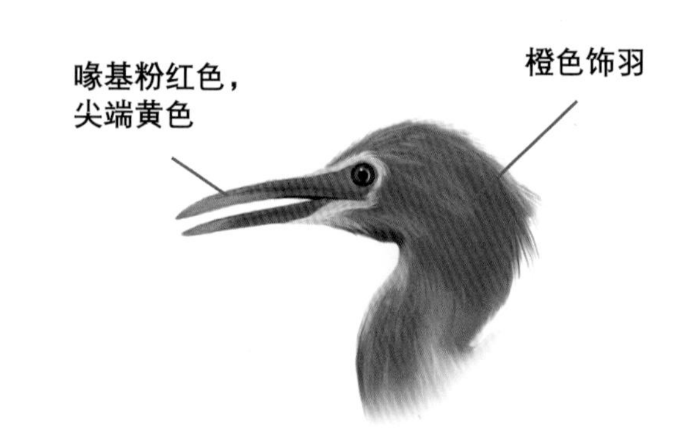

▲ “放牛郎”

♂ br.

特征概述

牛背鹭性格活跃，不害怕人的接近。在飞行时，头会缩到背上，在休息时，头又缩成S形。

形态特征

牛背鹭的喙与颈部粗短，全身覆盖着白色羽毛，眼周裸露部位为黄色。而到了繁殖期，头部有橙色的饰羽，颈部与背部中央都变成橙黄色。

分布图

夏候鸟

▲ 与牛合作

生活习性

牛背鹭主要以蝗虫、蟋蟀、蚂蚱和金龟子等昆虫为食，它们也会捕食蜘蛛、鱼和蛙等动物。

牛背鹭是鹭鸟中唯一不以鱼为主要食物的鸟类。它们会寻找自己的“搭档”——牛。此时的牛背鹭就像是一个小小的“放牛郎”。牛在经过草地时会惊扰起许多昆虫，这时的牛背鹭只需要张开大嘴进食就好。而牛背鹭的存在也为牛减少了烦恼，可以帮助牛清理掉身上的寄生虫或蝇虫。

你知道吗？

一头牛的身上会有几只牛背鹭呢？

通常在牛的身上会停留最多两只牛背鹭，一只在左边，一只在右边，如果有第三只想来分一杯羹，前两只便会联手将它赶走。

苍鹭

Ardea cinerea

鹈形目 • 鹭科 

苍鹭的头上有 4 根稀疏的羽毛组成的羽冠。

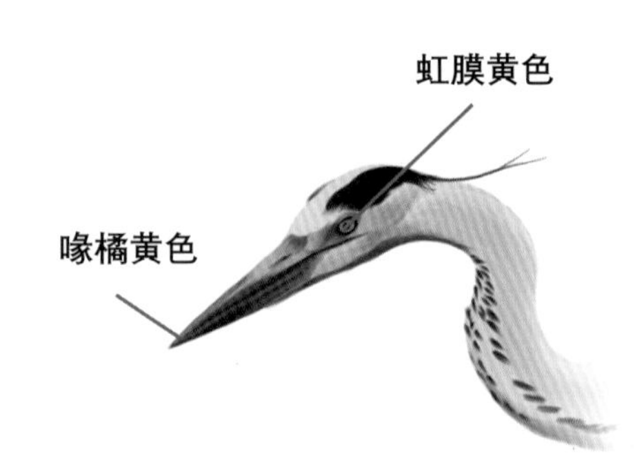

形态特征

苍鹭全身基本为灰色，头顶中央、喉和腹部为白色，头顶两侧为黑色，眼周裸露的皮肤是黄绿色，颈部有长长的羽毛披散在胸前，在胸部的两侧有大块紫黑色斑纹。

生活习性

苍鹭主要以小型鱼类、虾、蛙和昆虫等动物为食。

苍鹭多在浅水区进行觅食，在清晨或傍晚时分，它们会分散开，长时间一动不动地站立在水中等待猎物的到来，有时也会一只脚站立，另一只缩到一个位置好几个小时，一旦发现猎物就迅速伸长脖子去啄食，动作十分灵活迅速，因此也被称为“长脖老”。

▲ 张望

▲ 觅食

苍鹭在捕食成功后有一个特别的行为，那便是要将猎物在水中洗干净，不停地放入水中再啄起，使猎物变得干干净净才肯进食。

你知道吗？

在美国的一个自然保护区，有一只苍鹭竟然去鳄鱼的“家”中叼起鳄鱼宝宝离开，由于鳄鱼宝宝太小无力反抗，只能“任鹭宰割”。不过在最后，鳄鱼妈妈发现并追赶了上来，鳄鱼宝宝成功得救，而苍鹭仓皇而逃。

草鹭

Ardea purpurea

鹈形目 • 鹭科 LC

草鹭的头顶呈蓝黑色，灰黑色的羽冠垂在后方，仿佛是扎了个小辫子。

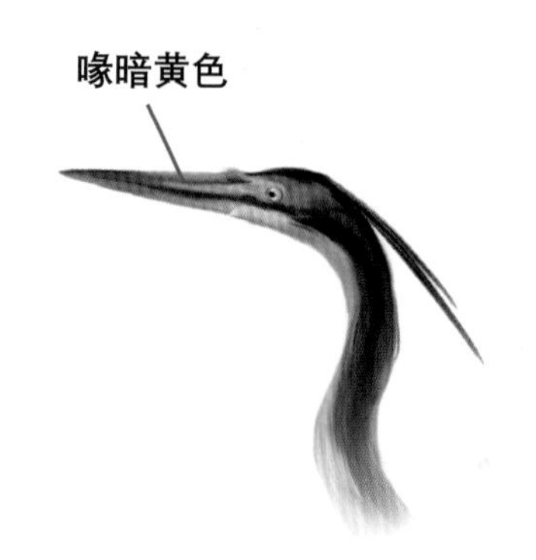

▲ 栖息

形态特征

草鹭眼先的裸露部位为黄绿色，颈部呈棕栗色，有银灰色的矛状饰羽，长长的蓝色纵纹一直延伸到胸部，尾部呈褐色，具有蓝绿色金属光泽。

繁殖行为

草鹭常与其他鹭混群栖息，在筑巢时会选在靠近水生植物的水域附近，由雌雄共同建巢，一般会在 7~10 天内完成筑巢。

分布图

夏候鸟

▲ 觅食

▲ 呵护

生活习性

草鹭主要以小鱼、蝗虫、甲壳类和蛙等动物为食。

草鹭在休息时常聚集在一起，而到了早晨与黄昏的觅食时间便相互分散，单独觅食。与苍鹭相同，草鹭也会一只脚站在水中一动不动等待觅食。在飞行时，草鹭将脖子缩回两肩之间，脚向后伸直超过了尾部，像字母“Z”。

你知道吗？

当草鹭碰到了蛇谁更厉害呢？在印度的一个水库边，一只草鹭的嘴被一条蛇缠住，可蛇根本不是草鹭的对手，所以草鹭很快地调整了自己的脖子，将蛇轻松地吞下。尽管如此，蛇竟然还会抢夺草鹭口中的食物。

白鹭

Egretta garzetta

鹈形目 • 鹭科 LC

白鹭主要以各种小虾、小鱼和昆虫幼虫等动物为食，偶尔也会寻找谷物等。

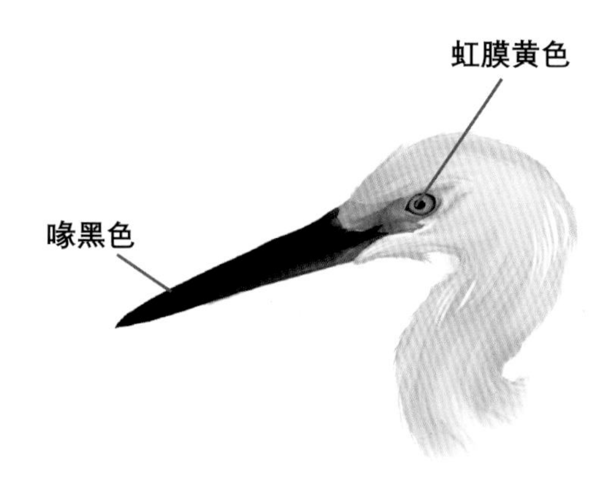

形态特征

白鹭全身洁白，在繁殖期时头部有着两根美丽的羽毛，十分可爱，背部与颈部有蓑羽。在非繁殖期时，饰羽与蓑羽就会消失。白鹭眼睛裸露的部分在夏季是粉红色，冬季变为黄绿色。黄色的脚与黑色的爪形成了鲜明的对比。

繁殖行为

白鹭通常在高大的树上筑巢，雌鸟与雄鸟有各自的分工，雄鸟外出收集材料，雌鸟建筑巢穴。它们有时也是十分霸道的，会将其他鸟类的巢穴拆掉来建造自己的巢穴。

▲ 觅食

◀ 站立

生活习性

白鹭在睡觉时经常会一条腿站立，一条腿缩在身体下方。其实有许多鸟类都有类似的行为，它们是为了在遇到危险时可以利用缩着的那条腿发力，更加快速地飞翔起来。

文化链接

提到白鹭，脑海中就会想起杜甫的“两只黄鹂鸣翠柳，一行白鹭上青天”的诗句，不过白色的鹭也有许多种类，如：大白鹭、中白鹭和白鹭等。

你知道吗？

如何区分白鹭和中白鹭？

白鹭的眼先呈黄绿色，趾为黄色；中白鹭的眼先呈黄色，趾为黑色。

大白鹭

Ardea alba

鹈形目 • 鹭科 LC

大白鹭有着长长的颈部和“大长腿”，是白鹭家族中体型最大的成员。

形态特征

大白鹭雌雄相似，全身洁白，嘴部有一黑色横纹延伸至眼后。在繁殖期时，肩部和背部有分散着的蓑羽，嘴与眼先为黑色。非繁殖期时，嘴与眼先为黄色，没有蓑羽。

繁殖行为

大白鹭十分尽职尽责，每天会调换许多次方向进行孵卵，所以大白鹭宝宝的成活率非常高。

分布图

夏候鸟

旅　鸟

▲ 呵护

▲ 觅食

生活习性

大白鹭主要以小鱼、蛙、水生昆虫与甲壳类动物为食。

为了吃到自己的喜欢的食物，大白鹭十分有耐心并且练就了高超的捕食技术，一旦发现猎物便快速出击。它们在休息时常常缩着脖子，缓慢地来回踱步。

你知道吗？

白鹭长大了会变成大白鹭吗？

虽然它们的名字只有一字之差，但它们可不是一种物种。白鹭体型很小，嘴一直为黑色。大白鹭体型大（嘴长、腿长），嘴在繁殖期为黑色，非繁殖期为黄色。嘴部有黑线一直延伸至眼后，白鹭却没有。

本书参考了以下书籍：

1. 郑光美 . 鸟类学（第二版）. 北京师范大学出版社，2020.

2. 刘阳，陈水华 . 中国鸟类观察手册 . 湖南科学技术出版社，2021.

3. 聂延秋 . 内蒙古野生鸟类 . 中国大百科全书出版社，2011.

4. 西班牙 Sol 90 出版公司 . 鸟类 Ⅱ . 陈怡婷，董青青，译 . 天津科技翻译出版有限公司，2018.

5. 多米尼克 · 卡曾斯 . 鸟类行为图鉴 . 何鑫，程翊欣，译 . 湖南科学技术出版社，2021.

6. 雅丽珊德拉 · 维德斯 . 鸟类不简单 . 张依妮，译 . 长江少年儿童出版社，2020.

7. 维基 · 伍德盖特 . 奇妙的鸟类世界 . 朱圣兰，译 . 湖南美术出版社，2021.

8. 英国 DK 公司 . DK 生物大百科 . 涂甲等，译 . 中国工信出版集团，2013.

9. 斯蒂芬 · 莫斯 . 鸟有膝盖吗？. 王敏，译 . 北京联合出版公司，2018.

10. 阿曼达 · 伍德，麦克 · 乔利 . 自然世界 . 王玉山，译 . 长江少年儿童出版社，2018.